中国古建筑之美

礼制建筑

坛庙祭祀

◎ 本社 编

中国建筑工业出版社

中国古建筑之美

· 礼 制 建 筑 ·

坛 庙 祭 祀

编委会

总策划	周 谊
编委会主任	王珮云
编委会副主任	王伯扬　张惠珍　张振光
编委会委员	（按姓氏笔画）
	马 彦　王其钧　王雪林
	韦 然　乔 匀　陈小力
	李东禧　张振光　费海玲
	曹 扬　彭华亮　程里尧
	董苏华
撰 文	孙大章
摄 影	张振光　陈小力　李东禧
	曹 扬　韦 然　等
责任编辑	王伯扬　马 彦

凡 例

一、全书共分十册，收录中国传统建筑中宫殿建筑、帝王陵寝建筑、皇家苑囿建筑、文人园林建筑、民间住宅建筑、佛教建筑、道教建筑、伊斯兰教建筑、礼制建筑、城池防御建筑等类别。

二、各册内容大致分四大部分：论文、彩色图版、建筑词汇、年表。

三、论文内容阐述各类建筑之产生背景、发展沿革、建筑特色，附有图片辅助说明。

四、彩色图版大体按建筑分布区域或建成年代为序进行编排。全书收录精美彩色图片（包括论文插图）约一千七百幅。全部图片均有图版说明，概要说明该建筑所在地点、建筑年代及艺术技术特色。

五、论文部分收有建筑结构图、平面图、复原图、沿革图、建筑类型比较图表等。另外还附有建筑分布图及导览地图，标注著名建筑分布地点及周边之名胜古迹。

六、词汇部分按笔画编列与本类建筑有关之建筑词汇，供非专业读者参阅。

七、每册均列有中国建筑大事年表，并以颜色标示各册所属之大事纪要。全书纪年采用中国古代传统纪年法，并附有公元纪年以供对照。

序一

《中国古建筑大系》重印序

中国的古代建筑源远流长,从余姚的河姆渡遗址到西安的半坡村遗址,可以考证的实物已可上溯至7000年前。当然,战国以前,建筑经历了从简单到复杂的漫长岁月,秦汉以降,随着生产的发展,国家的统一,经济实力的提升,建筑的技术和规模与时俱进,建筑艺术水平也显著提高。及至盛唐、明清的千余年间,建筑发展高峰迭起,建筑类型异彩纷呈,从规划设计到施工制作,从构造做法到用料色调,都达到了登峰造极的地步。中国建筑在世界建筑之林,独放异彩,独树一帜。

建筑是凝固的历史。在中华文明的长河中,除了文字典籍和出土文物,最能震撼民族心灵的是建筑。今天的炎黄子孙伫立景山之巅,眺望金光灿烂雄伟壮丽的紫禁城,谁不产生民族自豪之情!晚霞初起,凝视护城河边的故宫角楼,谁不感叹先人的巧夺天工。

珍爱建筑就是珍爱历史,珍爱文化。中国建筑工业出版社从成立之日起,即把整理出版中国传统建筑、弘扬中华文明作为自己重要的职责之一。20世纪50、60年代出版了梁思成、刘敦桢、童寯、刘致平等先生的众多专著。改革开放之初,本着抢救古代建筑的初衷,在杨按社长主持下,制订了中国古建筑学术专著的出版规划。虽然财力有限,仍拨专款20万元,组织建筑院校师生实地测绘,邀请专家撰文,从而陆续推出或编就了《中国古建筑》、《承德古建筑》、《中国园林艺术》、《曲阜孔庙建筑》、《普陀山古建筑》以及《颐和园》等大型学术画册和5卷本的《中国古代建筑史》。前三部著作1984年首先在香港推出,引起轰动;《中国园林艺术》还出版了英、法、德文版,其中单是德文版一次印刷即达40000册,影响之大,可以想见。这些著作既有专文论述,又配有大量测绘线图和彩色图片,对于弘扬、保存和维护国之瑰宝具有极为重要的学术价值和实际应用价值。诚然,这些图书学术性较强,主要为专业人士所用。

1989年3月,在深圳举行的第一届对外合作出版洽谈会上,我看到台湾翻译出版的一套《世界建筑全集》。洋洋10卷主要介绍西方古代建筑。作为世界文明古国的中国却只有万里长城、北京故宫等三五幅图片,是中国没有融入世界,还是作者不了解中国?作为炎黄子孙,别是一番滋味涌上心头。此时此刻,我不由得萌生了出版一套中国古代建筑全集的设想。但如此巨大的工程,必有充足财力支撑,并须保证相当的发行数量方可降低投资风险。既是合作出版洽谈会,何不找台湾同业携手完成呢?这一创意立即得到《世界建筑全集》中文版的出版者——台湾光复书局的响应。几经商榷,合作方案敲定:我方组织专家编撰、摄影,台方提供10万美元和照相设备,1992年推出台湾版。1989年11月合作出版的签约典礼在北京举行。为了在保证质量的同时,按期完成任务,我们决定以本社作者为主完成本书。一是便于指挥调度,二是锻炼队伍,三能留住知识产权。因此将社内建筑、园林、历史方面的专家和专职摄影人员组成专题组，由分管建筑专业的王伯扬副总编辑具体主持。社外专家各有本职工作，难免进度不一，因此只邀请了孙大章、邱玉兰、茹竞华三位研究员，分别承担礼制建筑、伊斯兰教建筑和北京故宫的撰稿任务。翌年初，编写工作全面展开，作者们夜以继日，全力以赴；摄影人员跋山涉水，跑遍全国，大江南北，长城内外，都留下了他们的足迹和汗水。为了反映建筑的恢弘气派和壮观全景，台湾友人又聘请日本摄影师携专用器材补拍部分照片补入书中。在两岸同仁的共同努力下，三年过去，10卷8开本的《中国古建筑大系》大功告成。台湾版以《中国古建筑之美》的名称于1992年按期推出，印行近20000套，一时间洛阳纸贵，全岛轰动。此书的出版对于弘扬中华民族的建筑文化，激发台湾同胞对祖国灿烂文化的自豪情感，无疑产生了深远的影响。正如光复书局林春辉董事长在台湾版序中所言："两岸执事人员真诚热情，戮力以赴的编制精神，充分展现了对我民族文化的长情大爱，此最是珍贵而足资敬佩。"

　　为了尽快推出大陆版，1993年我社从台方购回800套书页，加印封面，以《中国古建筑大系》名称先飨读者。终因印数太少，不多时间即销售一空。此书所以获得两岸读者赞扬和喜爱，我认为主要原因：一是书中色彩绚丽的图片将中国古代建筑的精华形象地呈现给读者，让你震撼，让你流连，让你沉思，让你获得美好的享受；二是大量的平面图、剖面图、透视图展示出中国建筑在设计、构造、制作上的精巧，让你感受到民族的智慧；三是通俗流畅的文字深入浅出地解读了中国建筑深邃的文化内涵，诠释出中国建筑从美学到科学的含蓄内蕴和哲理，让你获得知识，得到启迪。此书不仅获得两岸读者的认同，而且得到了专家学者的肯定，1995年荣获出版界的最高奖赏——国家图书奖荣誉奖。

　　为了满足读者的需求，中国建筑工业出版社决定重印此书，并计划推出简装本。对优秀的出版资源进行多层次、多方位的开发，使我们深厚丰富的古代建筑遗产在建设社会主义先进文化的伟大事业中发挥它应有的作用，是我们出版人的历史责任。我作为本书诞生的见证人，深感鼓舞。

　　诚然，本书成稿于十余年前，随着我国古建筑研究和考古发掘的不断进展，书中某些内容有可能应作新的诠释。对于本书的缺憾和不足，诚望建筑界、出版界的专家赐教指正。让我们共同努力，关注中国建筑遗产的整理和出版，使这些珍贵的华夏瑰宝在历史的长河中，像朵朵彩霞永放异彩，永放光芒。

中国出版工作者协会副主席　　
科技出版委员会主任委员
中国建筑工业出版社原社长

2003年4月

序二

《中国古建筑大系》初版序

人们常用奔腾不息的黄河,象征中华民族悠长深远的历史;用连绵万里的长城,喻示炎黄子孙坚忍不拔的精神。五千年的文明与文化的沉淀,孕育了我伟大民族之灵魂。除却那浩如烟海的史籍文章,更有许许多多中国人所特有的哲理风骚,深深地凝刻在砖石木瓦之中。

中国古代建筑,以其特有的丰姿于世界建筑体系中独树一帜。在这块华夏子民的土地上,散布着历史年岁留下的各种类型建筑,从城池乡镇的总体规划、建筑群组的设计布局、单栋房屋的结构形式,一直到细部处理、家具陈设,以及营造思想,无不展现深厚的民族色彩与风格。而对金碧辉煌的殿宇、幽雅宁静的园林、千姿百态的民宅和玲珑纤巧的亭榭……人们无不叹为观止。正是透过这些出自历朝历代哲匠之手的建筑物,勾画出东方人的神韵。

中国古建筑之美,美在含蓄的内蕴,美在鲜明的色彩,美在博大的气势,美在巧妙的因借,美在灵活的组合,美在予人亲切的感受。把这些美好的素质发掘出来,加以研究和阐扬,实为功在千秋的好事情。

我与中国建筑工业出版社有着多年交往,深知其在海内影响之权威。光复书局亦为台湾业绩卓著、实力雄厚的出版机构。数十年来,她们各自从不同角度为民族文化的积累,进行着不懈的努力。尤其近年,大陆和台湾都出版了不少旨在研究、介绍中国古代建筑的大型学术专著和图书,但一直未见两岸共同策划编纂的此类成套著作问世。此次中国建筑工业出版社与光复书局携手联珠,各施所长,成功地编就这样一整套豪华的图书,无论从内容,还是从形式,均可视为一件存之永久的艺术珍品。

中国的历史,像一条支流横溢的长河,又如一棵挺拔繁盛的大树,中国古代建筑就是河床、枝叶上蕴含着的累累果实与宝藏。举凡倾心于研究中国历史的人,抑或热爱中华文化的人,都可以拿它当作一把钥匙,尝试着去打开中国历史的大门。这套图书,可以成为引发这一兴趣的契机。顺着这套图书指引的线索,根其源、溯其流、张其实,相信一定会有绝好的收获。

刘致平

1992年8月1日

序三 《中国古建筑大系》英文版序

当历史的脚步行将跨入新世纪大门的时候，中国已越来越成为世人瞩目的焦点。东方文明古国，正重新放射出她历史上曾经放射过的光辉异彩。辽阔的神州大地，睿智的华夏子民，当代中国的经济腾飞，古代中国的文化珍宝，都成了世人热衷研究的课题。

在中国博大精深的古代文化宝库中，古代建筑是极具代表性的一个重要组成部分。中国古代建筑以其特有的丰姿，在世界建筑史中独树一帜，无论是严谨的城市规划和活泼的村镇聚落，以院落串联的建筑群体布局，完整规范的木构架体系，奇妙多样的色彩和单体造型，还是装饰部件与结构功能构件的高度统一、融家具、陈设、绘画、雕刻、书法诸艺于一体的建筑综合艺术，等等，无不显示出中华民族传统文化的独特风韵。透过金碧辉煌的殿宇，曲折幽静的园林，多姿多样的民居，玲珑纤细的亭榭，那尊礼崇德的儒学教化，借物寄情的时空意识，兼收并蓄的审美思维，更折射出华夏子孙的不凡品格。

中国建筑工业出版社系中国建设部直属的国家级建筑专业出版社。建社四十余年来，素以推进中国建筑技术发展，弘扬中国优秀文化传统、开展中外建筑文化交流为己任。今以其权威之影响，组织国内知名专家，不惮繁杂，潜心调研、摄影、编纂，出版了《中国古建筑大系》，为发掘和阐扬中国古建筑之精华，做了一件功在千秋的好事。

这套巨著，不但内容精当、图片精致、而且印装精美，足臻每位中国古建筑之研究者与爱好者所珍藏。本书中文版，不但博得了中国学者的赞赏，而且荣获了中国国家图书奖荣誉奖；获此殊荣的建筑图书，在中国还是第一部。现本书英文版又将在欧美等地发行，它将为各国有识之士全面认识和研究中国古建筑打开大门。我深信，无论是中国人还是西方人，都会为本书英文版的出版感到高兴。

原建设部副部长　叶如棠

1999年10月

礼制建筑分布图

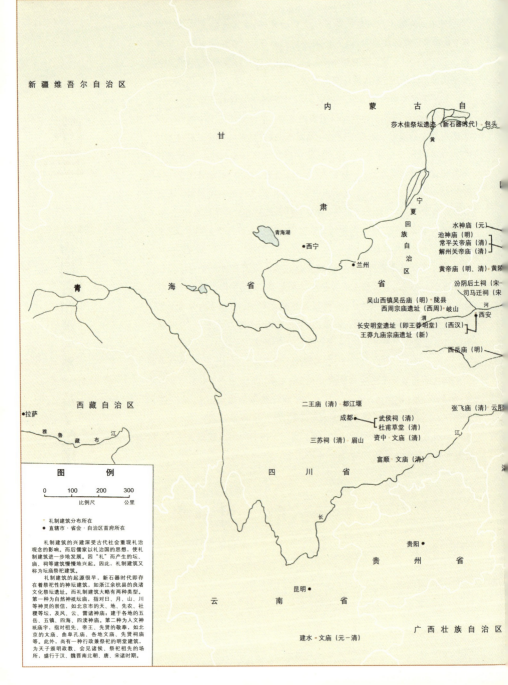

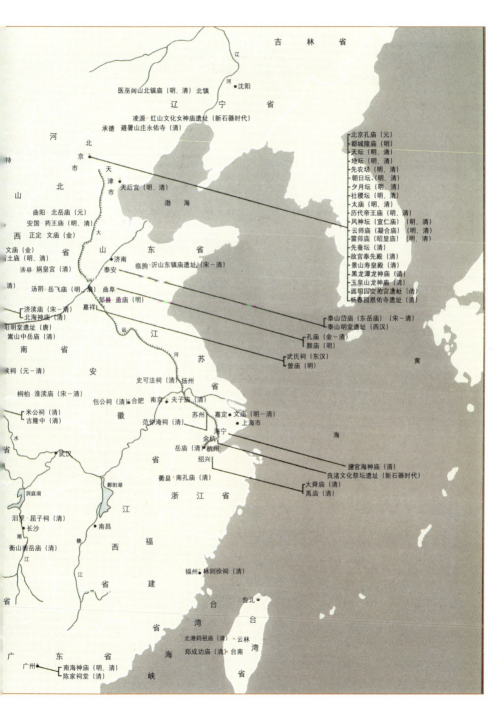

Contents / 目录

· 礼 制 建 筑 · 坛 庙 祭 祀

序一 / 周 谊
序二 / 刘致平
序三 / 叶如棠

礼制建筑分布图
曲阜孔庙周边导览图

礼制建筑的形成与历史演变
——从儒家的礼制思想到明、清时代的坛庙祭祀系列
礼制建筑与儒家思想 / 2
礼制建筑系列的演变与形成 / 11

论文

礼制建筑的形制及艺术特色
——从帝王之家到百姓之家的自然与人文祭祀系列
神祇坛庙 / 30
宗庙与家祠 / 40
先贤祠庙 / 47
明堂与辟雍 / 57
艺术形象 / 62

图版

礼制建筑
华北 / 66
华中 / 154
华南 / 172
东北 / 176

附录一　建筑词汇 / 181
附录二　中国古建筑年表 / 183

Contents / 图版目录

· 礼制建筑 · 坛庙祭祀

华北

天坛棂星门与圜丘／66
天坛圜丘全景／69
天坛圜丘坛望皇穹宇及
　祈年殿／73
天坛圜丘坛台基局部与
　棂星门／74
天坛皇穹宇三座门／75
天坛皇穹宇回音壁／76
天坛皇穹宇／76
天坛皇穹宇室
　内藻井／78
天坛皇穹宇内景／78
天坛祈年门与燔柴炉／80
天坛祈谷坛香炉与
　祈年门／81
天坛祈谷坛配殿／82
天坛祈年殿正面全景／83
天坛祈年殿全景／85
天坛祈年殿内景／89
天坛祈年殿室内藻井／90
天坛祈年殿外檐斗栱及梁枋
　彩画／91
天坛祈年殿槅扇窗／91
天坛皇乾殿／92
天坛斋宫正殿／92

天坛斋宫入口／93
天坛祈谷坛南砖门铺首
　与门钉／180
日坛东侧棂星门／94
地坛斋宫／95
社稷坛五色土与拜殿／96
先农坛太岁殿／97
孔庙大成殿／98
孔庙进士题名碑／99
国子监辟雍／100
北岳庙御香亭／101
北岳庙德宁殿及石栏杆／103
孔庙万仞宫墙／105
孔庙万仞宫墙与仰圣门／106
孔庙道冠古今坊／110
孔庙下马碑／111
孔庙金声玉振坊与棂星门／112
孔庙弘道门与璧水桥／114
孔庙同文门内望／116
孔庙奎文阁／116
孔庙御碑亭群／118
孔庙金代碑亭／119
孔庙杏坛／122
孔庙大成殿前檐石柱／123
孔庙大成殿／124
孔庙大成殿内孔子神龛与
　匾额／128

孔庙大成殿内天花与匾额／129
孔庙角楼／131
颜庙复圣庙坊／132
孟庙石坊／133
颜庙复圣殿／133
孟庙亚圣殿／134
岱庙岱庙坊与正阳门／137
岱庙天贶殿／139
岱庙天贶殿内壁画／140
中岳庙天中阁／142
中岳庙峻极殿／143
文庙大成殿／145
关帝庙钟楼／146
关帝庙崇宁殿外檐及石柱／147
晋祠圣母殿／149
关帝庙御书楼／149
西岳庙石牌坊／152
汉太史公祠司马迁墓冢／153

华中

孔庙仰高牌坊／154
史公祠史可法墓／155
史公祠祠堂／156
范公祠前厅／157

贝家祠堂祠堂外观／158
包公祠大门／158
宝纶阁檐廊装修／159
梁家祠堂正堂外望／161
金家祠堂玉善堂门／162
二王庙王庙门／162
二王庙观澜亭／165
二王庙灵官楼／165
二王庙李冰殿／166
武侯祠过殿／167
杜甫草堂水槛／168
杜甫草堂花径／171
杜甫草堂少陵草堂碑亭／171
三苏祠木假山堂／172

华南

陈家祠堂砖雕墀头及装饰／172
陈家祠堂前座墙饰／175

东北

北镇庙五重大殿／176
北镇庙石牌坊与山门／179

中国古建筑之美

·礼制建筑·
坛庙祭祀

论文

礼制建筑的形成与历史演变
——从儒家的礼制思想到明、清时代的坛庙祭祀系列

　　礼制建筑即广义的坛庙祭祀建筑。中国古代社会除以"礼"来制约各类建筑的形制之外，同时也因"礼"的要求而产生符合礼制建筑的坛、庙、祠等建筑类型。这种非宗教性的建筑，随着人们对天、地、日、月、山、川、祖先、帝王、先贤……之崇敬，对其建筑规制的形成与发展，产生了不可磨灭的影响。

礼制建筑与儒家思想

　　"礼"在中国古代社会是作为治国的主要思想而产生的。儒家在东周春秋时代提倡的礼制思想，更凸显以礼治国的礼制观点。中国的礼制建筑就是在中国古代社会于礼治主义观念下所产生的一种建筑类型，因此与儒家思想具有很大的关联。

1. 礼制建筑

　　中国的坛庙祭祀建筑是一种奇特的建筑类型，一种由国家直接管辖的准宗教性建筑。说它是准宗教性建筑，因为它的供养对象是天上神仙或已升天的人间伟人，有辉煌的建筑形象，还有一套敬神的仪轨及节日，崇拜的目的在祈福保平安，与宗教要求类似。说它不像宗教建筑，乃因在坛庙祭祀建筑中没有类似僧道阿訇那样的职业宗教者，也没有宣传神

佛信仰义理的经书、道藏等。完整的宗教需具备三要素——信仰对象、信仰理论、职业宗教者，即佛经中所说的佛、法、僧三宝完备，而坛庙祭祀建筑仅有其一，故不能达到宗教建筑的标准。但像这样一个不稳定的信仰对象，之所以能够在中国几千年的历史长河中延续至今，是因为儒家推崇倡导的结果。儒家以礼治天下，他们把对自然山川与祖宗的崇拜归于礼仪的范畴，并加以固定化、制度化。随着儒学成为国学，礼制成为国制，坛庙祭祀建筑也成为国家营构的建筑，故坛庙祭祀建筑又称为"礼制建筑"。这种礼制建筑规模之大、质量之高，只有帝王宫殿和大型佛寺、道观才能与之匹敌，这一点也成为中国古代特有的一种建筑现象。

古往今来的坛庙祭礼建筑甚多，历代皆有增损，大致上可分为自然与人文两大类。自然神祇包括天、地、日、月、山、川、风、雨、雷、电、星、辰、农、桑等方面神灵的崇信；人文方面包括对祖先、帝王、先贤，以及儒学创始人孔子的敬奉。在礼制中这些礼仪皆属于"吉礼"的内容，所以坛庙祭礼建筑亦可称为"古礼建筑"。在周代已经完备的礼制，共计分为吉、凶、军、宾、嘉五类。吉礼是指对天地山川等自然神灵及祖先、帝王、先贤的礼拜仪式；凶礼是指对丧葬的有关礼仪制度；军礼是指出征、命将、狩猎、行军等

北京天坛圜丘坛棂星门

中国的礼制建筑是中国古代社会在礼制观念下所产生的一种建筑类型，也是中国封建思想文化的一个重要层面；其规模之大、质量之高，更成为中国古代特有的一种建筑现象。北京天坛是明、清两代帝王祭天之处，其中的圜丘坛为三层汉白玉石坛，祭祀时在坛上临时架设青色帷幕。圜丘坛外又围以圆、方两重墙，壝墙四面正中各设汉白玉石棂星门三座，这种四面设门的十字轴线式布局尚保留有西汉以来的礼制建筑特色，特别是明堂建筑平面布局的特征。汉白玉棂星门与汉白玉圜丘坛则成为很好的呼应。

方面的礼仪规定；宾礼是指朝觐、聘使、君臣宾朋相会时的礼节仪式；嘉礼是指及冠、及笄、婚配、养老，以及君臣、后妃、士大夫等各阶层人士的日常服饰、车仪、銮驾、卤簿等项的有关礼仪性规定。上述五礼中，军、宾之礼多为行动上的规定，嘉礼除行为规范之外，大多是服饰用具上的形制规定，因此这三方面与建筑形制关系不大。凶礼中规定了皇室成员死后的山陵制度，是历代陵墓建筑遵循的建造原则。今日所遗存的大量坛庙祭视建筑应该说是吉礼制度的组成部分，它从一个侧面反映出我国传统礼制思想的内涵构思及演化过程，是中国封建思想文化的一个重要层面。

2. 自然崇拜与鬼神思想

人们相信在俗人世界之外尚存在另一个世界，不是人类的初始本能，而是随着人类智力的发展产生的。根据考古学获得的资料证明，原始人类的猿人时代，处理尸体的方式很随意，抛弃各处，并不精心保留，这一点在北京猿人化石遗址中表现得十分明显，说明他们对死后的归宿没有任何幻想。降至距今约4万年至17万年前的旧石器时代后期，开始产生一定的葬式，注意保存尸体，且有一定的随葬品。如在德国杜塞尔多夫发现一具尼安德特人的遗迹附近，曾有74件石器作为随葬品。在中国各地所发现的新石器时代早期人类居住地中，亦有埋葬死者的土坑墓穴及少数随葬品。上述例证说明人类对死后的精神或物质状况产生了某种想象，可能认为肉体灭亡后，尚有灵魂存在，并且到另一个世界去生活，这也可以说是原始宗教观念的萌芽吧。

人类产生灵魂观念，除了解答"死后何处去"这个最虚无的问题之外，也是为了克服人类对死亡的恐惧，勇敢地面对现实。同时，他们也把这个观念推衍到自然界，以此解释自然现象，认为自然诸般形态皆有灵魂。人类的生活史就是一部与自然奋战的历史，在生产力十分低下的原始社会，自然界为人们带来巨大的危害，凶残的野兽、怒吼的狂风暴雨、山洪暴发、寒流侵袭、酷暑干旱等都会破坏生产，致人类于死亡的境地。人类为了趋吉避凶，因而希望通过祈求自然的灵魂方式，保护大家平安无事，获得维持生命的食物，这就是自然崇拜。

世界各原始民族的自然崇拜都经历了两个阶段，即图腾崇拜与保护神崇拜，这一点也是原始生产特征的反映。原始人早期的生产是以采集、渔猎为主要手段，为了生存必须不断获得主要食物——动物，这就使人类对动物的崇拜成为可理解的行动，并用一定的图案标志来寄托这种崇拜，称之为图腾。图腾崇拜并不仅限于动物，也有植物，乃至自然现象，但多数崇拜对象是动物（鸟、兽、鱼等）。因为动物有强壮的体态与迅捷的行动速度，带有某种不可理解的威力。人类希望自己也有动物的特性，甚至希望自己的氏族与动物也有某种亲属关系。在华夏传说历史中的民族始祖轩辕黄帝，号称"有熊氏"，表明黄帝大约属于熊图腾的氏族；而南方的炎帝有可能是崇拜火为图腾的氏族；据《史记》记载，殷商的祖先契是其母吞食玄鸟卵而生，故殷商为鸟图腾氏族。当原始人生产技能逐渐提高，除了渔猎之外，慢慢步入了主要依靠农业种植经济为主要谋生手段的生活，兽形的图腾神开始退出历史舞台，人类则把自然崇拜转向与农业有关的自然保护神的崇拜。为了获得农业丰收，必须有一个良好的自然环境，祈望风调雨顺、土壤肥沃、气候适宜，于是与此有关的天神、地神、山神、海神、太阳神、月神、火神祝融、水神河伯遂被创造出来。在中国古代神话著作《山海经》中就有不少反映原始民族信仰状况的这类描写。因为自然是不具备固定形象的，而生产力发展以后，人类对自己的创造力也产生了信心，认为人比动物更强大，所以自然保护神的形象图案往往采用强劲有力的、非常智慧的、与人类形象相似的图像。

与保护神保护民族平安相对应的现象是氏族和个人所遇到的灾祸，当时最大的灾祸就是疾病与死亡。对此人类无法解释，原始人乃根据灵魂观念认为是有某些"凶煞"、"恶鬼"在控制灾祸，为了攘祸必须祈求煞鬼，因此将这种祈求希望寄托在氏族祖先中最强悍的英雄身上，一般来说就是领

导大家创建氏族的始祖。这种祖宗保护崇拜，就是奠祭祖先之庙祭的来源。《礼记·祭法》中说"人死曰鬼"，对已死祖先的崇拜即是对鬼的崇拜，原始社会的鬼神思想则慢慢地进入人类文化生活中，并产生巨大的影响。

3. 儒家礼制思想与鬼神崇拜相结合

"礼"在中国古代社会是作为治理国家、安定社会、理顺阶级次序的一种统治思想而出现的，即"礼，经国家，定社稷，序民人，利后嗣者也"（《左传·隐公十一年》）之意。它产生于3000年前的中国古代社会，随着社会形态转向封建社会时又得到发展，对以后两千年漫长封建社会的发展更产生了深远的影响。

礼制思想由东周春秋时代的儒家所倡导，为了维护当时已经日趋没落的社会制度，由孔子收集鲁、邹、宋、齐等数国有关文献，整理出《易》、《书》、《诗》、《礼》、《乐》、《春秋》六经，并凸显以礼治国的礼制观点。在周代礼制制度化的基础上，又增添仪式化的特点。这一点很重要，因为在整个封建社会不断发展的进程中，为符合改变后的封建经济，儒家和其他各学派一样，也在经历着分化、补

北京太庙正殿

世界各原始民族在寻求"死后何处去"这个最虚无的问题答案时，同时也产生了保护民族平安的保护神信仰观念。之后为攘除疾病与死亡等灾祸，又产生祖宗崇拜观念；这种祖宗崇拜，就是祭奠祖先之庙祭的来源。这种对鬼神崇拜的思想慢慢地进入人类文化生活中，又衍生出日后各种自然与人文祭祀系列的礼制建筑。图中所示即用于祭祀皇帝祖先之北京太庙正殿，每到岁末大祭时，将寝宫中供奉之皇帝祖先牌位移至此殿，由皇帝亲率百官举行所谓的"袷祭"。

充、发展的过程，以适应社会的需要。礼制也在变化中，而这种变化在很多方面是属于仪式性质的，具有很大的灵活性与适应性，保证了礼制两千年来的延续性。

初期儒家学说并未涉及神灵巫术方面，即《论语》中所说的"子不语怪、力、乱、神"，因怪异、神鬼不利于礼制教化。孔丘所提倡的"知天命"、"畏天命"是指人不可预测休咎、命运和机遇，当时并不具备神灵概念。儒学经战国时孟子、荀子的发展，又经秦代的打击而趋于消沉。汉武帝时国势中兴，封建制度确立，在文化思想上"罢黜百家，独尊儒术"，再度倡导儒家学说。当时大儒家董仲舒为适应统治阶级的需要，创制"天人感应"、"天人合一"学说，把"天"神化，使原来富含哲理性之天道、天命的"天"，转化为具象化之天帝、皇天的"天"，把神学引入儒学。又将天庭世界与人间帝王相比附，创造了"天子受命于天"、"君权神授"的理论，把"天"当作有意志、有目的地安排自然和社会秩序的最高主宰，君主则依天意建立人间秩序，而君主的无上权威则来自天命，由此完成儒学为统治阶级服务的目的。儒学虽然不是宗教，但至此也引入了鬼神思想，

北京天坛祈年殿木主

中国礼制建筑的祭祀场所极少供设偶像,坛场中仅以木主作为崇信的象征,典礼结束后仍旧归安于寝殿,不作永久性的展拜。

以鬼神作为人主施政的助力。另一方面,董仲舒以孔子"五伦"——"君臣、父子、夫妇、兄弟、朋友"的礼制关系为基础,发展成为"三纲"——"君为臣纲,父为子纲,夫为妻纲",作为封建秩序尊卑关系的准则。他还引用战国时代兴起的阴阳五行学说,用于推论天地运转及人事祸福,这些都对后世的坛庙祭祀建筑规制的形成产生影响。

坛与庙的释义　在儒家倡导的吉礼建筑中,崇拜鬼神的建筑可概分为两大类,即坛与庙。属于祭奠自然保护神的称之为坛、祭坛;属于祭祀祖先的称之为庙、太庙、祖庙、家庙;还有一部分供奉次要的自然保护神的建筑也称为庙。坛庙祭祀建筑即儒学中"敬天法祖"思想的具体化。儒家认为"祭宗庙,追养也;祭天地,报往也",人们可以用坛庙祭祀建筑寄托对祖先培养教育之情意,报答自然神保护万物丰收的恩惠。

按许慎《说文解字》对"坛"的字义解释,"坛,祭场也",可见坛就是祭祀场所。人们为了与天地、日月、星辰、山川诸神沟通联系,所以祭祀活动必须在露天场合举行,即于不设屋顶的坛上进行仪典。从原始时期的自然土丘,到人工夯制的方丘、圜丘,到人工砌筑的砖石基台,到层层基台环以石栏杆、墙垣、棂星门等附属建筑的祭坛,其形体、材料、做法历经改变,但作为露天建筑这一基本特征一直未变。先秦时代,凡属重大仪典,须由双方对天地盟誓、表明心迹的活动,也在坛上举行,如诸侯会盟、誓师、拜将、封禅等。汉代以后宗法礼制完备,坛就不再用于祭祀天地以外的用途了。

据《说文解字》对"庙"之释义,"庙,尊先祖貌也",可见庙是专为尊崇祖先的建筑,而且在我国很早就出现了。东汉以后佛教传入中国,一些佛教建筑也称为庙,因而混淆了两者的区分。其实佛教寺庙是个外来文化的舶来品,在中国并无恰当的专有名词来称呼它,只因初传入中国时的佛教僧人居住活动均在官府的客舍——鸿胪寺之中,所以佛教建筑就以"寺"命名。在往后佛教发展过程中,南北朝时贵族、富户舍宅为寺之风盛行,一些住宅改制成的佛寺与祖庙的形象也十分接近,可能就是此时把宗庙的称谓称置到佛教建筑中的。

礼制建筑的独特表征 中国的坛庙祭祀建筑有其独特的表征。首先,祭祀场所极少供设偶像。在坛场中仅以木主作为崇信的象征,祭后仍旧归安于寝殿,不作永久性的展拜,

曲阜孔庙大成殿孔子神龛

礼制建筑的场所虽然极少供设偶像,但名贤祠中仍有仿实偶像。曲阜孔庙大成殿内安置孔子像的神龛采用大量雕饰及龙的图案,饰以贴金彩绘,属规格较高的设计。神龛前设笾豆、案俎、香案及钟、鼓、琴、瑟等古乐器,异于一般宗教建筑,形成特有的礼制建筑的气氛。

曲阜孔庙大成殿月台陈设

《史记·礼书》中明确地说:"天地者,生之本地;先祖者,类之本也;君师者,治之本也。"礼的本源就是要尊天地、祖先与君师,若三者全无,则不成其为人类社会。礼制建筑的类型之设计也是本此而行。中国历代皆有祭祀的典礼,包括自然神祇与人文神祇两大方面,祭祀形态亦随之不同。古代祭祀多盛行用铜铸成的礼器盛祭品,如樽、彝、簠、簋、笾、豆等,包括盛酒、肉、果的盛器。图为孔庙大成殿前在祭祀时陈列的太牢三牲及乐器。

避免陷入宗教崇拜的逆流中;有些宗庙、家祠在祭拜时可悬挂影像;只有在名贤祠庙中才有仿实的偶像。其次,除在郊天地之礼时有配祭诸神外,一般不作神鬼体系的归属关系排列,保持各神鬼独立的祭祀仪式,这一点也与宗教不同。一般世界的宗教发展都是由原始众神的多神崇拜,转化为惟一神的崇拜或至高神的崇拜。如犹太教信仰的上帝耶和华,伊斯兰教信仰的安拉都是惟一的神,此神之外再无众神。佛教的释迦牟尼属于至高神,其下尚有佛、菩萨和罗汉等众神构成金字塔的从属关系,这一点与人世间的阶级关系更为接近,因此易于被封建大一统达数千年之久的汉民族所理解与接受。宗教神佛崇拜的本质是祈求来世的欢乐,但儒学倡导的是"以礼治心",已经形成了一套宗法伦理观念,达到规范自身、积极处世、"修身齐家治国"的目的,而不祈求来世,所以儒家不愿走宗教化的道路。这项宗教化的工作却被后起的、创始于中国本土的道教接收。道家容纳了先秦以来的各种传说与信仰,将它们神仙化,包括各类自然神祇在内,并将其排比为统驭系列,组成三清、四御、日月五星、四方之神等尊神系统。儒家的自然保护神也是道家崇奉的尊神,这就是造成国家坛庙与道教宫观长期混淆不清局面的根本原因。

礼制建筑系列的演变与形成

礼制建筑的形成并非在一夕之间，而是经过一段漫长的时间洪流塑造而成。从新石器时代即已存在的祭祀性之神坛建筑，随着社会进展及朝代更迭而不断进行扩充与整顿，明、清两代又于历代祠祭调整兴废的基础上，陆续裁并形成更完美、宏伟的礼制神祇体系。

1. 坛庙创设的历史演变

《史记·礼书》中明确地说："天地者，生之本也；先祖者，类之本也；君师者，治之本也。无天地恶生？无先祖恶出？无君师恶治？三者偏亡，则无安人。故礼，上事天，下事地，尊先祖而隆君师，是礼之三本也。"意思是说天地乃生物之本源，祖先是族类之本源，君师是国家治乱之本源；若三者全无，则不成其为人类社会了。所以礼之本源就是要尊天地、祖先与君师。实际上礼制建筑类型的设置就是本此而行，但是历代对此三者之内涵的理解程度如何，其包容度又有多大，并无一定规范，亦非一成不变。

新石器时代　现代的田野考古发掘已有数例说明新石器时代即已存在着祭祀性的神坛建筑。公元1987年在浙江余杭瑶山顶部发掘出良渚文化祭坛遗迹，这是一座方形平面

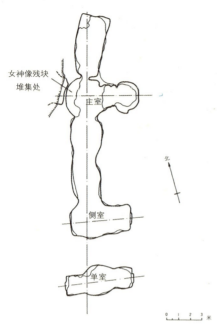

辽宁凌源牛河梁红山文化女神庙遗址　　　内蒙古包头莎木佳祭坛遗址

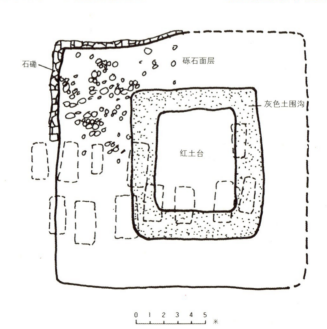

浙江余杭瑶山良渚文化祭坛遗址

新石器时代祭坛遗址（左页）

礼制建筑的形成并非在一夕之间，自新石器时代即有祭祀性的神坛建筑，经过一段漫长的时间洪流形成更完善、宏伟的礼制神祇体系。

红山文化女神庙遗址于公元1983年，在辽宁凌源县牛河梁发掘。女神庙是一座纵长形的半穴居建筑，有前室和侧室，遗址中出土了泥塑神像残块及祭器残块。

包头市莎木佳遗址是公元1984年发掘的祭坛遗迹。它是一组南北展开的土丘坛组。北面坛丘高1.2米，基部及腰部围砌两圈块石，呈方形平面，顶部有块石砌面；中间坛丘高0.8米，四周围砌块石；南部小丘略高于地面，基部有一圆形石圈。三坛的轴线关系十分明确。

良渚文化祭坛遗址于公元1987年，在浙江余杭县瑶山顶部发掘。其遗址为方形平面的土筑坛，边长约20米，由里外三层所组成。中心为方形红土台础，台周为一圈灰色土填筑的方形围沟，沟外为砾石铺筑的方形台面，台面四周尚遗留部分石础，极具规律性。

虽然对其崇拜的神祇性质尚难查知，但是庙祭的性质是十分明确的。这项发掘对于祠庙的起源提供了确实的证据。

的土筑坛，边长约20米，由里外三层所组成。中心为方形红土台，台周为一圈灰色土填筑的方形围沟，沟外为砾石铺筑的方形台面，台面四周尚遗留部分石础，很有规律性。公元1984年在包头市莎木佳遗址发掘的祭坛遗址则是一组南北展开的土丘坛组。最北面坛丘高1.2米，基部及腰部围砌两圈块石，呈方形平面，顶部有块石砌面；中间坛丘高0.8米，四周围砌块石；南部小丘略高于地面，基部有一圆形石圈。三坛的轴线关系十分明确。最具启发意义的是公元1983年在辽宁凌源县牛河梁发掘出的红山文化女神庙遗址。这是一座纵长形的半穴居建筑，并带有前室和侧室，遗址中出土了泥塑神像残块及祭器残块。虽然对其崇拜的神祇性质尚难查知，但庙祭的性质是十分明确的。这项发掘对于祠庙的起源提供了确实的证据。

　　夏商周三代　据说在舜禹时代就已经有"望山川，偏群神"，祭祀五大名山的仪式，但这只是周代人的推测。根据殷墟卜辞表明，殷王朝奉为最高保护神的"帝"是宇宙万物的主宰，具有无限威力和无穷智慧，逢有重大事件必须举行仪式向他请求指示或保护。这个时期的上帝只是一个综合的神灵，尚未具备自然属性，而其仪式规定及祭坛形制亦不清楚。

北京社稷坛拜殿

传说夏禹时代即有对土地之神、谷物之神的社主及后稷之祠祭仪式，汉时则完全将社神与稷神国家化、制度化。北京社稷坛拜殿属大型木结构建筑，面阔五间，单檐歇山黄琉璃瓦顶，坐落在0.9米高的汉白玉平台上，今已更名为"中山堂"。

周人兴起于渭河流域，灭殷而统一各部族。史书上虽然提到郊祭仪式有"冬日至，祀天于南郊，迎长日之至；夏日至，祭地祇，皆用舞乐"，以及"天子祭天下名山大川。五岳视三公，四渎视诸侯"等记载，并且成为长期封建王朝郊祭体系的主要根据。但考古发掘方面尚未发现更多的资料，只有近年来在周氏族世居源地的陕西岐山一带发掘出一批西周早期建筑遗址，根据分析可能是周代早期宗庙。东周为群雄并起的战乱时期，估计祠祭之事定不完备。秦崛起于西陲，自秦襄公起对天帝鬼神的祠祭不断增多，并认为其民族的守护神为少皞，乃于其住地营建西畤(畤，即神坛)，以祠祭白帝。之后又建密畤、上畤、下畤以祭祀青帝、黄帝、炎帝(赤帝)，发展成四方之神畤。由此反映出秦国统治力量逐渐增强，且不甘心局限于西陲，而意图争霸中原，做四方大地之君主的欲望。这种将天帝按东、西、南、中方位来配属青、白、赤、黄四色的划分，同时也说明战国时代五行学家的理论已逐渐渗透到祭祀观念中来。

秦代 秦并天下后，祀神更甚。秦始皇即皇帝位后三年即东巡郡县至山东泰山，效法传说中古代帝王祭泰山、禅梁父的仪式进行封禅典礼，刻石立碑，歌功颂德，表明其"天命以为王，使理群生，告太平于天，报群神之功"。秦始皇封泰山的举动是统一天下入主中原的一个象征，也是君权神授、天人相接思想的萌发。在这之后秦始皇又东游海上，遍礼名山大川，以及原在齐国故地的八神祠。这一时期经国家认定的山川鬼神包括：殽山以东，原六国地区的名山五座——嵩、恒、泰、会稽、湘，大川两条——济、淮；华山以西，原秦国故地的名山七座——华、薄、岳、岐、吴岳、鸿冢、渎，大川四条——河、沔、湫渊、江。此外，秦都咸阳附近的灞、浐、长、沣、涝、泾诸水，因毗邻首都，也都按国家级的山川祠祭标准奉祀。另外在秦国故都雍城还有日、月、参辰、南北斗、太白、岁星、二十八宿、风伯、雨师等祠庙百余座。但秦代规模最大、仪式最隆重的仍是秦初所建的祀四方上帝的四畤，每年四季奉祀，春夏用赤黄色马，秋冬用赤色黑鬃马，每畤用驹四匹，此外尚有车驷、牛犊、羔羊、玉璧等供物。每三年在首都咸阳郊外由皇帝及居民举行郊祭上帝之礼，举烽火，穿白衣，依礼制标准供奉用具。四畤之外的诸神祠的祭礼皆无定时，秦始皇至此则行礼，不至则罢。郡县远方的神祠则由当地人民自己奉祀，国家祝官不管。秦代对自然山川神祇的崇拜已具备相当规模，后世所崇奉的各类神庙此时皆已出现，虽然这些神祇尚带有地方色彩，但仍可看出秦代崇奉神祇向全国范围展开的趋

北京先农坛观耕台

汉文帝时在籍田附近设坛奉祀先农神，为先农坛之始。图为北京先农坛观耕台，乃皇帝举行观稼礼的地方，台南有籍田一块。每年农历二月选取一个吉利的亥日，在先农坛举行祭先农神的典礼，届时皇帝亲驾临，祭先农、太岁神之后，举行耕籍礼。

北京孔庙先师门

在国学内建文庙始于唐武德二年(公元619年),贞观四年(公元630年)令州县学内皆立孔子庙,文庙遂遍于全国。北京孔庙始建于公元14世纪初期。第一道大门为先师门,面阔三间,单檐歇山黄琉璃瓦顶,配有鸱吻等装饰,檐下斗栱大而稀疏,造型古朴简洁,梁架部分于明、清时期改建。

势,反映封建大一统的统治思想要求。

汉代 汉代建立以后,基本上承袭了秦代的政令制度,包括祭祀制度。汉高祖在长安将原战国各国(如梁、晋、秦、荆楚等地)的巫祝(指祭神的法师)集中起来,分别按时祭祝有关地方神祇,如天、地、房中、堂上、东君、云中、司命、族人、先炊、九天等神。同时增加了祭祀黑帝的北畤,与秦时四方上帝的四畤并称五帝,进一步完善五方五色的上帝神位。原籍丰县的汉高祖刘邦于即皇帝位以后,命官吏隆重地修治了丰地的枌榆社。"社"即原始社会以来民间崇奉的土地之神祇。祭社即表示获得统治管辖土地的权力。汉初未于首都长安建太社,却在发祥地治社,表明刘邦在思想上的乡土观念及衣锦还乡的欲望。汉高祖还命令各县普遍建立官社,以祭各地土地神祇。这种在全国各地分级立社的做法,一直延续到封建末期。汉高祖八年(公元前199年)又"令郡国县立灵星祠,常以岁时祠以牛"。灵星是天上星宿之神,管辖人间农稼,教人种百谷为稷,即后稷之神。虽然传说自夏禹时代即已开始有社主、后稷之祠祭仪式,但仅是传说,至此时才完全将社神与稷神国家化、制度化,说明农业生产在封建社会中成为主导生产方式。汉文帝时为鼓励生产，恢复农业经济，又将古时记载的天子亲自架耒耜、躬耕籍田、为民先导的故事恢复。在籍田附近设坛，奉祀先农神，这就是先农坛之始。汉初冲开始在春桑发叶之时举行祭祀蚕神的礼仪；依男耕女织的习俗，祭蚕礼由皇后主持。以后各朝代又增加导游仪式，增筑先蚕坛、果桑坛、蚕屋、茧馆等。

汉武帝"尤敬鬼神之祭"，在位期间增加了不少神祠，其中最重要的是"太一祠"。据《史记·封禅书》记载，亳人谬忌奏称："天神贵者太一，太一佐曰五帝，古者天子以春秋祭太一东南郊，用太牢，七日，为坛，开八通之鬼道。"于是汉武帝在长安东南郊建立一座"太一祠"。新的太一神是天上最高贵的神，原来的五帝只不过是太一的助手。在平行的五帝之上出现最高的太一神，此一观念是封建国家中央集权制进一步加强的反映。太一祠坛的神位安排也说明了这种尊卑关系，太一坛居中，三层坛基，五帝神位环居其下，各如其方色，黄帝安排在西南道。皇帝除应时祭祀太一神外，为了除病、征战胜利也要向太一神祈祷保佑。汉武帝还听从祠官宽舒的提议，在河东汾阴建立后土祠，由武帝亲自望拜。由于太一、后土祠坛的建立，使封建国家帝王告拜天地就有了固定的处所。

汉武帝另一件祠祭大事即封禅泰山。古史传说，在泰山上筑土为坛以祭天，报天之功，称作封；在泰山下名叫梁父的小山上进行仪式，报地之功，称为禅。凡人间帝王"易姓而立，致太平，必封泰山，禅梁父"。据说战国时代以前有72代帝王曾进行封禅泰山仪式。汉武帝为完成此一心愿，遂亲往泰山朝拜，在山脚下东方建立封土，并于土内埋设玉牒书，举行如祭太一神一样隆重的仪式；然后又登上泰山，同时也举行了封土典礼，之后从山背后下行到东北方的肃然山，行祭祀礼，如祭后土神的仪式。汉武帝封泰山是继秦始皇以后有确史记载的第二次封禅大典。

有关祖先宗庙的历史记载，唐虞时立五庙，夏代亦为五庙，殷制为七庙，周制七庙等，但都无进一步的史证资料。据《汉书》记载，汉高祖时建立的上皇庙，及以后建立之高祖的高庙、孝文帝的太宗庙、汉武帝的世宗庙等，皆是国家祭奠的宗庙；并且规定每月将已故皇帝的衣冠抬出来，在首都大街上游行一次，以示纪念。此时的宗庙皆为一帝一庙。后来将已故皇帝的宗庙脱离都城，迁建至陵寝内，按时祭祀。1950年代考古工作者在陕西西安汉长安城南郊发掘出一批规模巨大的建筑遗址，据分析考证为王莽时期建立的宗庙遗址，史称"王莽九庙"，由此可见汉代宗庙建筑具有十分庞大的规模。

　　从图谶起家的东汉光武帝建都洛阳以后，也十分重视鬼神之事。他"起高庙，建社稷于洛阳，立郊兆于城南"《(后汉书·光武帝纪)》。其中，以祭天、地的南、北郊最具特色，据《续汉书》记载，东汉南郊即祭天的处所，在洛阳城南七里，做一圆坛，周围有八座踏步，圆坛之上又做一坛，上层安排天地神位，下层安排五帝神位；坛外又环绕两层壝墙，四门开通道，通道两侧布置日、月、北斗诸神位，并于各方营门内外布置星宿、五岳、四海、四渎等各类神祇1514位。北郊祭地之所位于洛阳城北四里，属方坛，四面出踏步，地祇神位在坛上，其余五岳、诸山神各依其方，淮、海、河、济诸水神亦分列各方。可以说南郊、北郊二坛把天神、地祇、山川神灵皆集中供养，祭祀起来十分简便。这种在都城集中进行天地祭祀的方式，虽然始自西汉末王莽

嘉定孔庙大成殿

嘉定孔庙始建于南宋嘉定十二年(公元1219年)，为江南文庙建筑中规模较大的一所。主殿大成殿系重檐歇山顶，布瓦屋面，面阔五开间带周围廊。翼角飞翘，正脊采用透花脊。

时期,但制度完备是在东汉初年完成的,并且成为历代帝王郊祭天地沿用的准则。这段期间,五帝的地位日渐隐蔽,太一神也逐渐改称皇天帝或昊天上帝,成为至高无上的天帝。东汉光武帝在坛庙祭祀建筑的另一创举为建武二年(公元26年)在洛阳城之南建宗庙及太社稷,分列大路左右。虽然宗庙社稷之祭早已实行,但其在城市布局中的位置并无定制,至此才明确地完成《周礼·考工记》中所记载的"左祖右社"之布局,成为都城规划中的重要组成的内容。此时的宗庙制度也进行改革,改变汉初以来一帝一庙的格局,形成一庙多室,群主异室,历代相沿不变。

朝日月神的祭典始于周代,汉、晋、南北朝皆有仪典,但都是在宫内殿庭上举行。至北周才开始在国都东西郊筑坛设祭。宋、金、明各朝皆按朝日夕月的东西布局安排日月坛,完成了帝都四郊祭奠的格局。

唐代 初唐时对山川祭典加以整顿。唐高祖、唐太宗时期明确规定了对五岳、四镇、四海、四渎等山川神祇的祭礼。至唐开元十三年(公元725年)又册封五岳神及四海神为王,四镇山神及四渎水神为公。不但将山川神祇系列固定化,消除早期各朝分裂割据时所形成之混乱的地方性山川神祇,并进一步拟人化,以天庭比喻人间,将山川诸神与昊天上帝形成君臣关系,这也是封建极权关系的加深在信仰上的反映。

唐武德二年(公元619年)在京师国子学(国家培养最高儒生的学府)内建立周公及孔子庙各一所,按季致祭,此为在国学内建文庙之始。贞观四年(公元630年)令州县学内皆立孔子庙,文庙遂遍于全国。儒学自汉武帝时成为国学以后,为推尊孔子兴学的功绩,在国子学中就学的儒生皆需举行释奠之礼,以纪念先圣先师周公、孔子。至此由简单的释奠礼发展成为庙祭,并由儒官自己掌握,说明儒学逐渐宗教化的趋势。随着孔子被历代帝王加封、神化,各地文庙规格也日渐隆重而豪华,学宫反而成为文庙的附属建筑。各地文庙与逐渐扩建的孔子故居——山东曲阜孔庙,构成了全国的孔庙系统,从建筑规模上讲并不亚于宗教建筑。

汾阴后土祠鸟瞰图

整个建筑群北临汾水，西濒黄河。建筑群的前部建棂星门三座，大门左右有廊与角楼相连；从大门向北，经过三重庭院进入工字形的主体部分；后部两重院落是坛，最终以半圆形的院墙作结束。

武则天自立为帝后，为显示权威，倡议建造明堂以恢复古制。明堂为古代宣明政教之处所，为历代帝王所推崇的一种礼制建筑。但因年代久远，其形制原貌一直不明。武则天按照自己的意图，自我作古，拆毁洛阳宫内乾元殿，建成一座高达三层的明堂大屋，成为一代巨构。

传至唐玄宗时期，祭天地之礼仪都是冬至、夏至日分祭于南北二郊，分别设坛。天宝以后，改在南郊合祭天地，但北郊仍予以保留。自此以后，天地合祭分祭之争成为礼部司官长期争论的问题，直到明嘉靖年间才正式改为分祭。

宋代 宋真宗景德年间特别将河东汾阴睢上之后土祠的祭礼予以恢复。后土祠是汉武帝时修建的，东汉以后设北郊以祭地祇，故历经魏晋南北朝及唐并未获得重视。宋时将祭礼提升至最高等级的大祀礼，并重修祠庙，使该祠成为一座重要坛庙，金时又大加修建，同时刻石为记。这座坛庙濒临黄河东岸，北靠汾水，地理形势极佳，可惜在明代毁于黄河水灾。今之后土祠为清代易地重建物，祠庙后部的秋风楼高耸云端、横架岭上，是晋南著名的三大名楼之一。

宋徽宗是一个十分迷信的帝王，在其倡导下使道教有了巨大的发展，佛教亦有变化。宋徽宗在祭祀仪典上拟恢复古制，并于京师建造明堂，遂令蔡京为明堂使指挥建造工程，

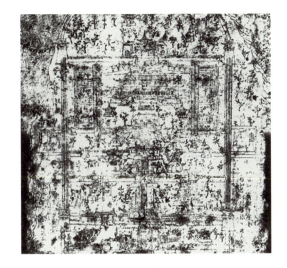

金刻汾阴后土祠图碑拓本

汾阴后土祠毁于公元16世纪的一场水灾,清代易地重建,但刻于金天会十五年(公元1137年)的后土祠碑刻还完整地保存到现在,并忠实地刻绘出当时建筑的总平面和主要立面,使后人得以明了该祠在当时属于级别最高的大建筑群。

每日兴工万余人,终于建成一座长18丈9尺,宽17丈1尺的大建筑,这是明堂礼制建筑在历史上最后一次创建实例。

明代 明洪武年间首创在都城钦天山建历代帝王庙,致祭三皇五帝,下至元世祖的历代帝王。早先祭奠先朝帝王多在各地分散进行,至此统一在一座庙中由国家定时致祭。明嘉靖十年(公元1531年)又在北京建历代帝王庙。清代入关以后大都沿用明代遗留的坛庙,并未加以更动。

从坛庙设置变迁状况可以看出历代帝王力求在祭祀鬼神方面寻找合乎逻辑的体系顺序,建立属于儒家的鬼神信仰。虽然后期受道家的影响,朝一神崇拜方向发展,但最终还是分祭制度,各不统属。组成这种体系的内在思想指导原则,就是儒家倡导的"天地君亲师"的纲常思想。另外,也可看出历代帝王在渲染神权的过程中,通过将天庭比拟人间,亲自掌握祭天大礼及褒封神祇封号等手法,扩大对人权(王权)威力的信仰,加强"君权神授"、"天人合一"的观念。

2. 历代坛庙的整顿

古代坛庙之选定随着社会的进展不断地进行扩充与整顿,有些项目则被淘汰了。

禋六宗礼 中国古代有禋六宗之礼,祭祀六个天,一般指昊天上帝及五帝的共称。但经过儒家的解释各有不同,有

北京日坛祭坛

日坛又名朝日坛，为春分日祭祀太阳神（大明之神）的地方。明嘉靖九年（公元1530年）创建，坛台为正方形，台面为红色琉璃瓦，象征太阳的颜色；清代改为方砖铺地。坛台周围有一圈圆形遗墙，亦是象征太阳的形状。

清代北京坛庙分布图

古往今来的坛庙祭祀建筑甚多，大致可分为自然神祇坛庙与人文神祇庙宇两大类。明、清两代在历代祠祭调整兴废的基础上，逐渐形成礼制神祇体系。依据《大清通礼》记载，清代的坛庙祭祀建筑亦分为自然与人文两大类。

自然神祇坛庙包括建于北京城的天、地、日、月、先农、先蚕、社稷诸坛以及风、云、雷诸神庙；建于各地的山川诸神庙及城隍、火神、龙神等特定神祇庙宇。

天坛位于北京正阳门外，是冬至举行郊天、孟春举行祈谷礼的地方；地坛位于北京安定门外，为夏至日举行祭地礼的地方；日坛位于北京朝阳门外，为春分日祭日神之处；月坛位于北京阜成门外，为秋分日祭月神之处。天、地、日、月坛之位置与都城之关系有其定制，按周代礼制，祭天场所位于都城南郊（阳位），祭地于北郊（阴位），在方位上一上一下、一南一北、一阳一阴、互为对应，另祭日于东郊，祭月于西郊，如此使祭祀对象与祭祀活动之位置互相对应的布置，即《礼记·祭仪》中的"端其位"。

先农坛位于北京正阳门外，每年三月由皇帝带领百官在此举行躬耕籍田之礼；先蚕坛在北海东北角，每年春天由皇后举行礼蚕仪式；社稷坛位于故宫午门之西，是国家重要的祭祀坛庙，祭奠土地及五谷之神，于每年春秋仲月设祭。又云、雨、风、雷四神原为祭天的配享从坛，雍正年间于紫禁城之东西两侧设立风神庙（名宣仁庙）、云师庙（名凝和庙）、雷师庙（名昭显庙）。此外，位于北京长安左门外御河桥的堂子是供奉天神的地方，每遇大事、春秋两季、出征等皆在此报告天神，此源自清萨满教教义。

属人文神祇的庙宇有太庙、孔庙、历代帝王庙、关帝庙、昭忠祠、贤良祠以及祭祀祖先之家庙或祠堂等。太庙建在紫禁城午门之左，是祭祀皇族祖先的地方；而紫禁城内的奉先殿是宫廷内部的祖庙。孔庙位于安定门东侧，是举行对孔子的释奠礼之所，国子监位于其西边。历代帝王庙位于阜成门内，是祭祀历代帝王之处。另外，昭忠祠在崇文门内，以纪念清初殉国的将士。

的指日、月、风、雷、山、泽之神；有的说为天、地、四时之神；有的说寒暑、日、月、水旱之神；也有的说是古时六代帝王。在封建社会巩固以后，鬼神体系分条明晰，各有所掌，这种含混不清的祭典与其他祠祀皆有抵触之处，所以在南北朝以后，为了突出祭天的地位，禋六宗之祭遂不再举行。

五祀礼 在古代尚有一种五祀之礼，即对居处、生活有关事件的神祇进行祭祀。五祀包括户、灶、中霤、门、行五项，分别掌管人类出入、饮食、居处、行走、道路等事宜。这是一种较原始的信仰，随着人类居住环境的改善，生活方式也逐渐丰富多样，上述事件已不能概括生活内容；同时帝

1. 孔庙
2. 国子监
3. 先蚕坛
4. 历代帝王庙
5. 都城隍庙
6. 寿皇殿
7. 宣仁庙
8. 凝和庙
9. 奉先殿
10. 昭显庙
11. 社稷坛
12. 太庙
13. 堂子
14. 昭忠祠
15. 崇文门
16. 正阳门
17. 宣武门

王祈求鬼神保护主要是从政治意义出发的，因此帝王祭典中五祀一直未能成为主要项目，仅在宗庙祭礼中陪祭而已。唐代以后日渐废止。但这种习俗却在百姓居处中保留下来，如民宅灶间的灶王神，大门门扇上贴的神荼、郁垒神将(后来变成秦叔宝、尉迟恭的形象)等都是原始信仰的遗存现象。

大蜡礼 传说是从神农时留传下来的祭礼，一般在每年的十二月举行。所祭蜡神有八位，即先啬、司啬、农、邮表畷、猫虎、防、水墉、昆虫等。从神祇的名称及作用来看，应当是与农稼有关，属保佑农事收获的神祇，故传为神农时所创始。古代蜡礼不另设坛，只在祭天坛内举行。后来大蜡礼作为国家祭典的形式慢慢消失，改为民间崇奉。在各地建造八蜡庙纪念农神，定时举行庙会，百戏杂陈，百货荟聚，成为民间社交的重要场所。

此外，起源于民间的杂祠也很多，较著名的有"陈宝祠"。传说秦文公时在陈仓城北山上发现一石，形状如鸡，每年有神在晚上降临。神来时，光辉四射，状如流星，同时有巨大的声音，引得周围的野鸡也鸣叫起来，故称此神为陈宝，立祠祭祀。以后又传出许多有关陈宝神的传说。汉以后虽终止祭祀，但美妙的传说依然流布甚久。今陕西省宝鸡市即因此故事命名。

在礼制建筑发展过程中，由于祭典来源是多方面的，多层次的，而且有很多自发的性质，因此造成项目繁杂、内容交错、神祇重复等现象。同时，众多的礼制建筑与祭典仪式也为国家和百姓带来沉重的经济负担。所以历代帝王都要明经正典，限制或淘汰一部分杂祀淫祠。

据《汉书·郊祀志》记载，西汉末年成帝时有神祠683所，后来达到700所以上，另外还有承继于秦代雍城的旧祠203所。至王莽时代更形泛滥，"自天地六宗以下，至诸小鬼神，凡千七百所，用三牲鸟兽三千余种。后不能备，乃以鸡当鹜雁，犬当麋鹿"，祭用牲品达到供不应求、捉襟见肘的地步。至北魏时，国家祭祀的坛庙达1075所，一年之内所用牲品达75500头。可见神祠泛滥为社会带来极大的负担。

汉成帝时即已提出祠祭整顿，曾废除475所，占当时祠庙总数的70%，可惜并未实行多久。三国时，魏武王曹操鉴于祠祭之害，倡导废除淫祀，曹丕时代更将一些名山大川的祭典也免除了。北魏孝文帝时，因风雨水火之神在郊天时已经合祭了，所以将京师附近有关自然风云之神庙逾40座全部裁撤。唐武则天时期的名相狄仁杰任江南巡抚使的时候，鉴于南方吴楚一带祠庙过多，曾奏毁祠1700所以上，仅保留夏禹、吴泰伯、季扎、伍员四座祠庙。北宋徽宗时尊崇道家，打击鬼神祠祭，于政和元年(公元1111年)下令开封府拆除淫祠1380座。

3. 明、清时代的坛庙系列

明、清两代在历代祠祭调整兴废的基础上，陆续裁并形成礼制神祇体系。依据《大清通礼》记载，清代设置的坛庙可分为两大类。

(1) 自然神祇坛庙

属于自然神祇的坛庙包括：建于京师的天、地、日、月、先农、先蚕、社稷诸坛，以及风、云、雷、雨诸神庙；建于各地的五岳、五镇、四海、四渎神庙；因特别崇奉东岳泰山，又于各地广建东岳庙。此外尚有城隍、火神、龙神等特定神祇庙宇。

天坛位于北京正阳门外，为冬至举行郊天，孟春举行祈谷礼的地方。祭天于圜丘，同时有大明、夜明、星辰、云雨风雷四从坛配祭。地坛位于北京安定门外，为夏至日举行祭地礼的地方，同时有五岳、五镇、四海、四渎四座从坛配享。朝日坛位于北京朝阳门外，为春分日祭日神之处。夕月坛位于北京阜成门外，为秋分日祭月神之处，同时以北斗七星、木火土水金五星、二十八宿、周天星辰为从坛配享。先农坛位于北京正阳门外，每年三月由皇帝带领百官在此举行躬耕籍田之礼，以表示恭行稼穑，养民务本之意。雍正年间更下令各府州县也要立先农坛，使为官者存重农课稼之心。先农坛内同时设置太岁殿、天神坛、地祇坛等与天时农作有关的神祇。先蚕坛在北海东北角，每年春天由皇后举行礼蚕仪式。社稷坛是国家重要祭祀坛庙，祭奠土地及五谷之神，位于故宫午门之西，每年春秋仲月设祭。雍正年间并将祭社稷之礼扩展到全国各地，府州县均设坛致祭，成为礼制的一项重典。云、雨、风、雷四神原为祭天时的配享从坛，雍正年间特建风神庙(名宣仁庙)、云师庙(名凝和庙)、雷师庙(名昭显庙)于紫禁城之东西两侧。因每年孟夏在天坛要举行雩祀礼，以为百姓农稼祈雨，所以雍正时并未另行再建雨师庙。此外北京城内尚有一座特殊的神庙，名为堂子。清代满族崇信萨满教，萨满教教义认为天上有一威灵的天神，可保佑人间祸福。所以清代统治者入关以后，按照旧有的礼仪在北京长安左门外玉河桥建堂子一所，以供奉天神。每遇大事、元旦、春秋两季、出征、凯旋，皆在堂子内祭告天神；堂子实际上是一种宗教性建筑，但由国家掌管。

清代的五岳神庙为：东岳泰山的泰安府岱庙、西岳华山的华阴县西岳庙、中岳嵩山的登封县中岳庙、南岳衡山的衡山县南岳庙、北岳恒山的曲阳县北岳庙。五镇庙为：青州的东镇沂山、陇州的西镇吴山、霍州的中镇霍山、会稽(今绍兴)的南镇会稽山、广宁卫(今北镇)的北镇医巫闾山。四海神庙为：莱州东海、蒲州西海、广州南海、济源北海。四渎神庙为：蒲州河渎、成都江渎、唐县淮渎、济源济渎。此外尚加封过黄河龙神、运河龙神、长白山神、洞庭湖神等不一而足。这里边特别要提到的是东岳庙。泰山被认为是五岳之尊，古代帝王行封禅大礼之地，故历代累次褒封泰山神为"天齐王"、"东岳天齐仁圣大帝"、"东岳天齐大生仁皇帝"，把泰山神抬到天上帝王的高度。后来又经道家的渲染，认为泰山神为"百鬼之主帅，主治人间生死"，所以各地广建东岳庙。并订农历三月二十八日为祭日，使东岳庙成为五岳庙中一个特殊的神庙。清顺治八年(公元1651年)时，在朝阳门外元、明时代东岳庙旧址上遣官致祭。

自然神祇方面尚有一些民间传承的神庙，亦由国家设祭承认，如北京西北郊黑龙潭龙神庙、地安门外的火神庙、玉泉山龙神庙，以及城隍庙等。此外，尚有一些神祇如炮神、

嵩山中岳庙全景

司工之神(主掌工程)、司机之神(主掌织机)、琉璃窑神、仓神等，皆设木主随宜致祭，不设庙宇。

(2) 人文神祇庙宇

属人文方面的庙宇有太庙、孔庙、文庙、历代帝王庙、关帝庙、昭忠祠、贤良祠，以及按礼会地位与等级在民间设置的祭祀祖先之家庙或祠堂等。以数量而言，这类祠庙占大多数，也可说是礼制建筑的基础。

太庙是祭祀皇族祖先的地方，亦可称为祖庙。明、清两代帝王的太庙建在紫禁城午门之左，每逢元旦、清明、中元、除夕、万寿节在此行祭祖大礼。此外，又在紫禁城内建有奉先殿，作为宫廷内部的祖庙。在《大清通礼》中还规定了亲王、贝勒、贝子、品官的家庙制度及庶士寝荐制度，乃周、秦以来诸侯、士大夫立宗庙制度的延续。

孔庙是在曲阜阙里孔子故里基础上扩建的纪念孔子的庙堂。自东汉桓帝立庙以来，经历代扩建重修，形成南北长达630米的巨大庙宇，其制度可比拟帝王宫殿，在礼制建筑中是极为特殊的实例。古代为提高儒学的地位，除尊孔丘为至圣外，又将儒学发展中有巨大贡献的孟轲、颜回、曾参封为亚圣、复圣、宗圣，分别建筑了邹县孟庙、曲阜颜庙、嘉祥曾庙，清代又分别予以增饰扩建。文庙之制始自初唐，以后历代广建文庙，除京师立庙以外，府州县各地皆立一所，举行对孔子的释奠礼。现存文庙中著名的有北京文庙、苏州

中岳庙位于河南登封县嵩山黄盖峰下，始建于秦，经历代增修，现存庙堂为清乾隆时大规模修葺后形成的，占地约10万平方米。纵长的轴线上排列着中华门、遥参亭、天中阁、配天作镇坊、崇圣门、化三门、峻极门、嵩高峻极坊、中岳大殿、寝殿、御书楼等11座建筑，形成层层演进的空间序列。庙内有唐、宋以来的古柏三百余株，金属铸器和石刻碑碣百余座；庙前汉雕石翁仲刀法古拙，北宋铸造的四大铁人则气势雄伟，堪称汉代石刻艺术和宋代铸造艺术的佳作。

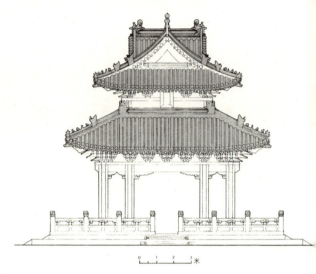

杏坛立面图

曲阜孔庙杏坛平面·立面·剖面图

杏坛位于山东曲阜孔庙大成殿前，相传是孔子讲学的所在，经汉、唐迄于北宋，曾作为孔庙的正殿使用。宋乾兴元年(公元1022年)，因扩大庙制，拓宽殿庭，将此殿拆去，而所遗旧基改筑成砖坛，周围环植杏树，称为杏坛。

杏坛平面作方形，每面三间，金柱及四角檐柱用木，其余檐柱用石。金柱用料粗大，全柱上下有三道枋子交圈贯串，副阶角梁后尾，桃尖梁，随梁枋后尾也插入金柱柱身，使整个木构架形成稳固的框架。上下檐斗栱都用五踩重昂，斗欹有䫜，里转菊花头上刻有斜线一道，柱头科昂宽与平身科相同，惟梁头增宽至两斗栱口以上，都表现出明代斗栱的特色。

杏坛上下檐内部均用天花，上层天花中心施斗八藻井，显示此亭规模不大而等级较高，作为孔子讲学所在地的建筑。台基二层，上层绕以石栏杆，向南一面栏杆望柱下设螭首一列，共8枚，使杏坛正面加强了装饰效果，其余三面则无螭首。台基四面所有踏跺，都镌刻圭脚形云纹图案。踏面转折处卷成小圆角并起线脚，为他处所罕见。

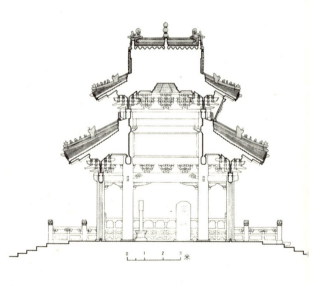

杏坛剖面图

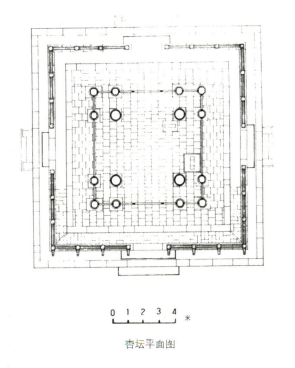

杏坛平面图

文庙、正定文庙、富顺文庙、建水文庙等多处。乾隆十五年(公元1750)为附会天子临雍讲学之意,在北京文庙西边的国子监建造一座辟雍建筑,也可说是礼制建筑在清代的一种创造吧!

历代帝王庙是承续明代所建,位于北京阜成门内,为祭祀历代帝王之处。

关帝庙是纪念三国蜀将关羽的忠义行为,也是封建帝王为配合孔庙的建造而倡导兴建的,以形成文襄武弼之势,故关帝庙又称武庙。顺治年间在北京建造了关帝庙。全国最大的关帝庙在山西运城解州镇,即关羽故里。

此外,尚有奉旨特建的昭忠祠,在崇文门内,以纪念清初战争中死亡的将士;贤良祠在地安门外,纪念贤臣良弼、以劳定国之士;特准旌表之功臣名将的祠堂,如双忠祠、旌勇祠、孔有德祠等。还有在御灾攘患方面有功于民的传说诸神,如海神天妃庙(又称天后宫,福建一带称妈祖庙)、都江堰二王庙等。

礼制建筑的形制及艺术特色
——从帝王之家到百姓之家的自然与人文祭祀系列

礼制建筑包括自然神祇坛庙与人文神祇庙宇两大部分。因祭祀对象不同，故其配享也有差异，在建筑形制及规模上，亦视其在人们心中的威信而有相当大的差别，并形成其独具的艺术特色。

神祇坛庙

礼制建筑中属于自然神祇的坛庙包括天、地、日、月、山、川、风、云、雷、雨、先农、先蚕、社稷诸坛及神庙。

1. 北京天坛

祭天活动在我国社会中起源甚早，早在夏代即有正式的祭祀活动。封建社会国家往往把祭天权与统治权相联系，表示帝王统治国家是"受命于天"的权利。故《五经通义》说："王者所以祭天地何？王者父事天，母事地，故以子道事之也。"皇帝即是天之子。祭天地是王朝的重要政治活动，天地坛在京城内的位置亦有定制。按周代礼制，祭天位于都城南郊，历代沿循不变。古代以南方属阳，北方属阴；天为阳，故祭于南郊，地为阴，故祭于北郊，南北相互对应。后来又以日月设祭于都城东西，形成四方设祭的布局，这一点在明、清北京城的规划中是严格实行的。祭祀神祇需要一个自然的空旷环境，远离市尘，避开人烟，在郊区设坛不仅符合所需，更具超凡脱俗、潜心敬神的神秘感。

北京天坛是明、清两代帝王祭天祈丰收、祈雨的地方，

北京天坛圜丘坛

天坛的主要建筑，冬至日行祭天大礼之地，由三层圆形白石台基砌成，栏板望柱为汉白玉，坛面则用艾叶青石。因九为阳数之极，象征天体的至高至大，故该坛每层坛面砖的圈数、块数及栏板、望柱、台阶数，均为九或九的倍数(即阳数)，以象征"天"的伟大。

是"圜丘"、"祈谷"两坛的总称；皇帝于每年冬至、正月上辛和孟夏(夏季的首月)来此举行祭典。早在明太祖朱元璋定都南京时，即在钟山之阳建圜丘以祭天，山之阴建方泽以祭地，并于洪武十年(公元1377年)建大祀殿，改为天地合祀之制。明成祖朱棣迁都北京以后，于永乐十八年(公元1420年)仿南京之制在北京丽正门(正阳门)外建天地坛，合皇天后土。后明世宗嘉靖九年(公元1530年)恢复四郊分祭制度，将原来南郊的天地坛改为专供祭天祈谷之所，并更名为天坛。清代乾隆时做了巨大的改建与扩建，才形成现有的、完美的古典建筑群。乾隆时期的重大改建有两点，首先将圜丘坛体扩大，由明代的12丈扩为21丈，并将原来的青色琉璃砖栏杆及方砖地面改为汉白玉石栏杆及艾叶青石地面，使圜丘坛更为舒展洁净。明初天坛内大祀殿为矩形平面，至明嘉靖时改为三重檐的圆形平面，更名祈年殿。三层檐的琉璃瓦色各异、上檐青色，中檐黄色，下檐绿色，象征天、地、谷的颜色。乾隆时将三层琉璃瓦檐全部改为青色，这一改变使祈年殿外观更显纯净、凝重大方，与天色苍茫的青天相协调，使其艺术感染力更为强烈。

天坛面积广阔，占地约273万平方米，相当于北京外城的十分之一，北京故宫的四倍。在如此辽阔的地区上应用了与宫殿、寺庙完全不同的建筑布局与造型艺术手法，其所表现出的艺术光辉永耀我国古代建筑史册，在世界建筑史上也

是难得的瑰宝之一。

　　天坛的建筑艺术构思主题是要表现"天"的伟大与"天人相接"的思想。为此目的，匠师们采用了环境陪衬、天轴设置与形、数、色方面的象征手法等各类艺术手段来表现"天"与"人"的关系，相辅相成，密切结合，形成一件完美的艺术创作。

　　天坛的总体布局十分简单，在略呈方形的用地上建造内外两层坛墙。内坛偏东的南北轴线上布置了圜丘与祈年殿两组建筑群。圜丘坛在南部，由三层汉白玉石坛组成，为祭天之所，祭祀时在坛上临时架设青色帷幕。圜丘坛外又围以圆、方两层壝墙，壝墙四正面各设汉白玉石棂星门三座。坛北有圆形平面的皇穹宇一组建筑，为供养天神神主的地方。祈谷坛在轴线北部，亦为圆形三层汉白玉石坛。坛上建造圆形平面三层琉璃瓦檐的祈年殿。殿的东西两侧有配殿，前部为祈年门。整座祈谷坛坐落在一个砖砌高台上，四面设置砖券门。祈谷坛后方有皇乾殿，是供养皇天上帝神主的地方。圜丘坛与祈谷坛之间以一条高2.5米，长360米的铺砖神道相联系，又称丹陛桥。整个内坛、外坛及丹陛桥两侧满植松柏，老干虬枝，苍劲挺拔，林海茫茫，一望无际；进入坛区以后，一种旷野自然的氛围扑面而来。在这逾200公顷的辽阔自然环境中，仅布置了圜丘、祈谷坛、斋宫、神乐署四组建筑，建筑密度极低。人们行进在树林围拢的自然环境之中，自然会平心静气，仰望苍穹，生发出与天沟通的遐想。通往圜丘的丹陛桥通路设计成2.5米高，人行其上，两侧不见土地，有如浮行在树冠之中，飘然物外，有登天之感。及登圜丘坛，举目四望，古柏苍翠欲滴，坛体洁白似玉，天空蔚蓝如海，这种大空间的颜色配比，益增对天的伟大、神圣、完美的崇敬心情。天坛是利用空间环境对人们的思绪产生巨大影响的成功实例。

　　中国传统建筑布局的轴线处理皆呈平面状展开，或南北，或东西，重叠反复，不断扩展。天坛一反传统院落式布局手法，将轴线安排在两坛垂直方向，轴线直指苍天。圜丘

北京天坛祈年殿 (左页上)

祈年殿平面呈圆形，建于三层圆形白石台基上，殿身的外檐装饰全为朱红色柱及槅扇构成，三重檐圆攒尖顶逐层向上收缩，直指天空，具有"向天"感，而三层青色琉璃瓦顶则象征青天的颜色。

北京天坛皇穹宇 (左页中)

皇穹宇平面亦呈圆形，坐落在汉白玉须弥座台基上。明代初建时为重檐攒尖顶，清代重建改为单檐攒尖蓝琉璃瓦顶。圆弧形的殿身采用青砖磨砖对缝的墙体，与磨砖对缝的院墙协调一致。

北京天坛皇乾殿 (左页下)

系祈谷坛日常供养神位的地方，面阔五开间，单檐庑殿蓝琉璃瓦顶，建在汉白玉石栏杆围护的台基上。殿内正中方形石台上的神龛供奉皇天上帝神主，龛后有硬木雕制的九龙屏风。

坛围绕这个天轴形成三层坛，两层墙，八座棂星门。祈谷坛也是围绕天轴展开平面的各种布局。虽然在两坛之间也有南北轴线，但仅为次要轴线，人们进入坛区后，首先引发其深刻注意的是这指向上方的天轴，这是天坛空间艺术所要体现的构图目的——"天"的艺术。

天坛建筑的另一项艺术特色即是象征手法的广泛应用，它表现在形、数、色三方面。中国自古即有"天圆地方"之说，所以天坛在建筑形体上应用圆形极多，例如圜丘坛、祈谷坛、祈年殿、皇穹宇、皇穹宇围墙皆为圆形，象征"天"这一主题。另外，在处理天坛内外坛墙时采用北圆南方的平面图形，圜丘两层壝墙采用内圆外方的形制，这都是附会"天圆地方"的构思。数的象征源于原始的阴阳观念，以阴阳观解释一切自然现象。数字亦分阴阳，以一、三、五、七、九的奇数为"阳数"，二、四、六、八的偶数为"阴数"。天为阳，地为阴，故天坛建筑规划皆用阳数计量，且"九"为阳数的最高数值，也代表了至高无上的皇权与神权，此数在天坛设计中使用尤多。坛台分为三层，上层径九丈($1×9$)，中层径十五丈($3×5$)，下层径二十一丈($3×7$)，这样就将全部阳数一、三、五、七、九暗藏在内。台面铺装石亦为九的倍数，上层中心为一圆形石，围绕此石铺装九圈面石，第一圈九块，第二圈十八块，……类推至第九圈八十一块。中层、下层坛台铺面亦各为九圈,每圈皆为九的倍数。三层坛台的石栏板亦为九的倍数。圜丘坛四出踏步,每层踏步为九级。类此,祈谷坛的台面、栏板数目亦为九的倍数。祈年殿是祈求丰年的祭所,故其平面结构的数列多象征季节、月令,如中间四根高达19.2米的龙井柱象征一年四季,中圈十二根攒金柱象征十二个月,外圈十二根檐柱象征十二时辰,中外圈合起来为二十四根柱子,象征二十四节气等。总之,匠师希望通过蕴藏在数字内的涵义,赋予建筑理性的解释。在色彩象征方面,由于中国历来运用深绿色的常青松柏代表永恒、长寿、正直、高贵,因此广泛使用在坛庙、陵寝中,从而使深绿色松柏代表了崇敬、追念、祈求的象征意义。又如受"天蓝地黄"的观念影响,天坛主要建筑皆用蓝色琉璃瓦盖顶,形成特有的艺术风格。

利用象征手法表达建筑涵义在其他坛庙中也有不同程度的反映。如北京安定门外的地坛采用阴数(偶数)为设计数列。坛形方形以象征地,坛体两层,上层方六丈,下层方十丈六尺,每层高六尺,四出踏步,皆为八级,坛面铺设石块皆为双数。坛墙砌以黄色琉璃砖,南面皇祇室为黄琉璃瓦顶,皆为象征地色等。

北京天坛是帝王祭祀建筑中最具代表性的建筑,它反映出中国纪念性建筑的一些设计构思原则与手法,以及古代匠师的智慧,对今天的建筑创作仍有启发借鉴意义。

2. 北京社稷坛

《孝经纬》说:"社,土地之主也,土地阔不可尽敬,故封土为社,以报功也。稷,五谷之长也,谷众不可偏祭,故立稷神以祭之。"《通典》又说:"人非土不立,非谷不生。"故历代帝王皆以供奉社稷代表对疆土、子民的统治权力,也表明了以农立国的国家性质。国有国社,王有王社,在封建社会中地方府州县亦建立社稷坛。社稷坛与宗庙为国家最重要的坛庙,在都城规划中的位置亦经过慎重的考虑。据《周礼·考工记》记载:"匠人营国,方九里,旁三门,国中九经九纬,经涂九轨,左祖右社,面朝后市。"左祖右

北京天坛祈谷坛远景（左页）

祈谷坛在天坛北部,有东、西、南三座天门(又称砖门),整体建筑建于约4米的高地上,周围遗墙仅高1.8米。主体建筑祈年殿以三层洁白的台基高高托起,配殿则远离祈年殿,皇乾殿坐落在祈谷坛之下,加上坛上不植树,更显祈年殿之高耸。祈谷坛在色彩处理上极为成功,白石承托,蓝瓦向天,背衬苍穹,以此洁白纯净的两种颜色诱发朝拜者产生宁静、向天的感觉,而周围大片松柏林更加深了这种心境。

北京社稷坛棂星门

社稷坛为三层方台,四周围以方形墙,墙身以不同颜色的琉璃砖砌造,分别是东蓝、西白、南红、北黑等象征性颜色。壝墙四正面各建有汉白玉棂星门一座,形制较小,但形式以色彩与壝墙搭配,具有优美的装饰效果。

社的意思就是将宗庙与社稷坛布置在王城的东西两侧,紧靠王城。在中国古代历史上,多数朝代的都城规划都追求过这种《周礼》的设想,如北魏洛阳、隋与唐的长安、宋汴梁、金中都、元大都、明南京、明与清的北京等皆遵循此制,将太庙与社稷坛安排在都城或宫城的左右。

社神、稷神原为两位神祇,历史上曾分设两坛,明、清时代两坛合一,简称社稷坛。北京社稷坛位于天安门西侧,建于明永乐十八年(公元1420年)。根据"天南地北"之说,社稷坛的朝向以北为上,由南向北设祭。其布局略呈长方形,周设四门,墙外遍植松柏,墙内由北向南排列了戟门、拜殿与社稷坛。拜殿为祭日逢雨时举行祭典的地方。社稷坛为一方形三层高台,总高约一米。坛上铺着由全国各地进贡的五种颜色的土壤,按五行方色铺设,即中黄、东青、南红、西白、北黑,以表示"普天之下,莫非王土"的意思,并象征着金、木、水、火、土是万物之本。坛中央埋设一块"社主石",又称"江山石",表示帝王对土地的占有,"江山永固"之意。坛四周的壝墙也按方位砌筑不同颜色的琉璃砖瓦。社稷祭礼定于每年春秋仲月上戊日举行,另外遇出征、班师、献俘等大事也要在此举行仪式。从社稷坛的建筑设计上看，象征主义仍是主要的建筑艺术手法。

3.山川神祇坛庙

在各种自然神祇坛庙中，山川坛庙占有很重要的位置。《周礼》中说："天子祭天下名山大川，五岳视三公，四渎视诸侯。"可见很早即产生山川拟人化的观念。又经历代增补，逐步形成五岳、五镇、四海、四渎的固定山川神祇系列。唐代更进一步加封山川神以王公爵号，使其在天庭中的地位更加明确，成为天帝的左右辅弼，类似人间帝廷中的公侯勋贵。虽然有些山川神祇的确定并不确切，如五镇并非高山，四海中北海、西海本无海，四渎中并未包括珠江等，但这无关大体，山川神祇只是信仰的需要，不是自然地理的真实反映。五岳、四渎系列表示了"普天之下，莫非王土"的涵义，同时也表示了传统汉族的"择中"思想。

五岳的设置与古代帝王巡狩有关。据《尚书》记载，虞舜时代帝王五年一巡狩，轮流至五岳山祭祀山川，召见诸侯，以高山为据点巡视各诸侯国。五岳中最受重视的是东岳泰山，因为古代传说"易姓而王致太平，必封泰山，禅梁父，何？天命以为王，使理群生，告太平于天，报群神

泰山岱庙天贶殿

系岱庙主殿，北宋大中祥符二年(公元1009年)始建，明、清两代皆曾予以重修。面阔九间，重檐庑殿黄琉璃瓦顶。天贶殿与前方左右一对六角攒尖顶碑亭，皆建于宽大的双层品字形汉白玉石高台上，更显殿体的巍峨壮观。

泰山岱庙角楼

岱庙直对泰山主峰而建,整个建筑群以南北轴线为准则,四周围以十余米高的城墙,城墙四角建角楼。角楼屋顶由三重檐构成,多角交错,檐脊交叉,配以红墙黄瓦,颇具皇家宫城的气概。

之功"(《五经通义》)。封禅仪典就是祭拜天地之意。秦始皇、汉武帝都曾动用大量人力、物力举行盛大的封禅仪式。后来祭天地改为在京城建造的圜丘、方泽中举行,封禅之意则逐渐衰减,但泰山仍为五岳之首,受到特殊的重视。

现存的东岳泰山庙又称岱庙,整个建筑群则历经唐、宋、元、明、清各朝的不断扩建与改建。岱庙中心有按轴线配置的两门两殿,即配天门、仁安门、天贶殿、寝殿,地形层层抬高。各殿廷之间穿插点石、露台,并广植松柏,形成一进进富于变化的空间序列。主殿天贶殿为九开间黄琉璃瓦庑殿顶大殿,是古代殿堂形制的最高等级。岱庙的中轴线又直对泰山绝顶——岱顶,更增加建筑群的气势。岱庙四周以城墙围绕,四角建角楼,正南门称正阳门、五凤楼,这些措施也都是属于帝王宫殿的规制。此外,在正阳门南中轴线上尚建有遥参亭一组建筑,乃古代帝王祭祀泰山时进行"草参"之地,因而成为岱庙建筑群的前奏。从岱庙建筑中可以看出山川神祇坛庙布局的一些特点,即非常重视中轴线上的艺术安排,尽量延长轴线展开的长度,以增进朝拜者的虔诚心情,如中岳庙、南岳庙皆有纵长的轴线。其次,山川神祇坛庙为主神供养,未设多余的配享诸神,因此无须多层次的配殿,故其建筑空间层次变化大多依靠门、坊、台、屏等小

泰山岱庙遥参亭坊

遥参亭是岱庙建筑群的前奏，古代帝王封禅祭祀泰山，均先在此"草参"。遥参亭经历代改建后，已形成一组南北长66米、东西宽52米的院落式建筑群。院门前建有四柱冲天石坊，额题遥参亭，左右立铁狮子和旗杆石各一对。

建筑形式来获得。其三因为坛庙都有久远的历史，遗留下来的记事碑刻甚多，使得建筑空间获得浓厚的文化气息。如岱庙内有各类碑刻151块，因有些碑刻文字完全出自名家之手，使岱庙几乎成为历代书法艺术之集成。其他岳镇庙中也有类似的情况。

在其他山川坛庙中以河南济源济渎庙、河北曲阳北岳庙最具历史价值。济渎庙是江、河、淮、济四渎庙之一，位于县城西北的清源镇，现存殿宇逾60间，有清源洞府门、清源门、渊德门、拜殿、渊德殿遗址、寝宫等一系列建筑。这些建筑是宋、元、明、清各时代建造的，在一庙之中即可见到历代建筑技术演进之变迁。其主殿渊德殿与寝殿为宋初建筑，尚保存工字殿的形式，并配有左右挟屋，渊德殿台基应用东西两阶制度，而不用中阶或三阶，这些都是唐、宋以来的古制，在其他坛庙中已很少见到。另外，清代以前北海神的望祀典仪也附属在此庙，今此庙后半部为北海神祠。祠内建有拜殿、龙亭、龙池等，有助于了解海神庙的布局特点。

北岳庙始建于北魏，为历代望祭恒山之所。现在殿宇大部分为清代建筑，但其主殿德宁殿仍为元代官式建筑之形制，是现存坛庙中少见的实例。殿内两侧墙壁上绘有巨幅《天宫图》，具有极高的艺术价值。

宗庙与家祠

古代封建社会中，无论是帝王之家，还是平民百姓之家，对于血缘关系都非常重视，加上中国人传统观念中认为灵魂不死，更加深了对祖先的崇拜。将此观念纳入礼制的范畴中，便形成宗庙与家祠，并且成为封建社会的重要建筑类型。

1. 历史上的宗庙

古代氏族血缘社会十分重视对祖先的崇拜，形成一套"慎终追远"、"敬天法祖"的观念，这种观念被儒家纳入礼制的范畴中，因此宗庙建筑成为封建社会的重要建筑类型。《礼记·曲礼》中说："君子将营宫室，宗庙为先，厩库次之，居室为后。"古代宗庙是一庙一主，即一个祖先立一个宗庙。东汉以后改为一庙多室，每室供奉一主的形制，这样便简化并统一了宗庙的设置。至于庙内设几室，各代不一。魏有四室，晋有七室，东晋有十四室；到唐代定为一庙九室，亲尽则祧迁，另立祧庙安置迁出的神主，直到明、清仍沿用此制。

传统中国人的观念认为灵魂不死，所以子孙们应该"事死如生"。据此，宗庙的建筑形式完全按照生前的住宅形制布置，即"前堂后寝"的规式。前为居室，供祭祀礼拜；后为寝居，供养祖先神主。

古代宗庙建筑绝大部分已损毁，无法得知其建筑原貌。据考古发掘资料，仅有两例遗址可作参考。一处为公元1976年在陕西岐山县凤雏村发现的西周时期建筑基址，这是一组四合院式建筑，在中轴线上安排了影壁、门塾、大室、后寝四座建筑，东西两侧有连檐的厢房，将整座建筑包围起来，形制规整，主次分明，说明周代建筑已有良好的布局艺术水准。据专家分析，该组建筑有堂寝之分，两侧有厢房，并于西厢内发现埋藏有占卜龟版的龟室，据此推测为西周王室的宗庙建筑。若此分析无误的话，则为我们提供了历史上早期(商末)宗庙的具体形制，此一形制则沿用了数千年。

另一处为西安汉代长安故城南郊的"礼制建筑"遗址，可能是新莽时期的宗庙建筑群，史称为"王莽九庙"。该建筑群中共有十一组建筑，呈四三四排列，每一组建筑用地为正方形，周围有覆瓦墙垣围合。纵横两条轴线相贯，在正中心布置一高大的正方形夯土台，台上建有方形平面木构房屋。每面围墙正中有门房，四角有隅房，完全是中心四方式布局。这种平面布局显然与《汉书·郊祀志》中所描绘的汉武帝时的泰山明堂相类似，与该建筑群东侧的汉平帝明堂遗址布局亦十分相似。由此说明宗庙建筑形制在王莽时期有过新的尝试。即试图引进最古老的礼制建筑"明堂"的形制。并且用秦、汉以来盛行的土木混合结构建造高台建筑的技术，形成雄伟高大的艺术体量，与传统的宅院式宗庙形式完全不同。但这种形制仅出现在新朝，后代宗庙仍沿用宅院式的形貌。

2. 北京太庙

今日所能看到的帝王宗庙仅北京太庙一处，位于天安门

北京太庙琉璃砖门

太庙第二层围墙的南墙正中设券门三道，贴附于墙上。券门基座为汉白玉须弥座，檐下采用黄琉璃贴面的梁枋、斗栱、四角垂花柱等，三门联为一体，形如七楼式砖牌楼，与高而长的平直墙面形成鲜明对比。

北京太庙井亭

戟门两侧各有黄琉璃瓦盝顶六角亭一座,盝顶中间留有空洞,以便天光照射到下边井口内的水,属典型的井亭形式。这两座造型挺拔、形制典雅的井亭与金水河上的石桥相互衬映,成功地营造出丰富建筑群空间艺术的作用。

之东,是按照《周礼·考工记》中记述的"左祖右社"规定布置的。全庙用地呈南北长的矩形,有两层围墙。进南面第一层庙墙内有金水河一道,左右配置井亭及库房。内层墙内为太庙主体,由南至北纵深配置了戟门、正殿、寝殿、祧庙四座建筑,并配以东、西庑殿。正殿、寝殿与祧庙之间有墙相隔。戟门为仪礼需要的门屋,门内原来陈列铁戟120杆,以示威仪,故名戟门。正殿为皇帝祭祖行礼的地方。寝殿是供奉历代帝后神主的处所。这种前殿后寝制度是古代官室住宅通用的形式。后殿祧庙为供奉世代久远,亲缘疏远而从寝殿迁出的祖宗神主。

太庙设计构思突出建筑环境的庄严、肃穆与高贵,以展现对祖先崇拜的情怀。虽然其布局仍为官寝建筑的原形,但经过若干精炼与提高加工以后,显露出宗庙建筑的特有面貌。首先,它是严格的中轴对称式的,所有建筑都是成双成对(包括井亭)均衡布置,而且都采用封建皇家建筑的最高等级,规格极高。如用三重台基,黄色琉璃瓦,三座大殿及戟门，皆为最尊贵的庑殿顶形式，并且使用最大的九间面阔(大殿在乾隆时改为十一间)的平面。正殿前预留了广阔的殿庭与宽大的月台，以备举行仪式之用。太庙周围全部种植高龄的松柏，使高大的殿堂浮现在一片绿海之中。太庙用色十分简单，以红、黄两色为主色，并在正殿内部用沉香木包裹梁柱，殿顶、天花、柱体贴赤金花，以香黄色为底色绘制旋子彩画。这些都是为了加强祭悼气氛而采用的装饰措施，但也说明宗庙建筑设计发展到明、清时期，已经形成具艺术感染力的空间及环境形态。明、清太庙将祧庙布置在后部，自成一体，不但较易解决供养祖先神主须嬗递更迁的问题，同时也能表现出一定的宗族联系之设计问题。

清代的宗庙设置还有别的方式，即于皇宫内另立家庙——奉先殿。奉先殿建于清顺治十四年(公元1657年)，在宫城景运门之东；分为前后两殿，属堂寝之制，皆为九间庑殿式，中以穿廊相接，与太庙同一等级。根据顺治谕旨所述，"考往代典制，岁时致祭必于太庙，至于晨昏谒见，朔望荐新，节序告虔，圣诞忌辰行礼等事，皆另建有奉先殿"，可知奉先殿为宫中日常拜谒祖先之处，可免去往返太庙的长途跋涉及复杂的礼仪。在奉先殿举行的祭典，除元旦、冬至、万寿节三大节日用大祀礼以外，其余祭日均不赞礼，不作乐，行家人礼，有些次要节日则直接于后殿供献上享。可见奉先殿的建造是为了便于经常拜谒的需要。

此外，清代帝王喜好园居，一年中有大半时间在西郊离宫和承德避暑山庄驻跸，为了表示对祖宗的眷恋之情，又增设了一种展拜御容的仪式。雍正至乾隆时曾建四座专设祖先影像的殿堂，定时展拜，即景山的寿皇殿、圆明园的安佑宫、畅春园的恩佑寺、承德避暑山庄的永佑寺。元代帝王已有设影像供奉的习俗，但多附设在重要庙宇中，不另设专门的庙堂。如大都城内的大圣寿万安寺(今白塔寺)内即供有元世祖忽必烈、仁宗爱育黎拔力八达、英宗硕德八剌的影像。清代则将此习俗发展成礼制建筑。这种悬影的宗庙建筑规定

成都武侯祠昭烈殿撑栱

撑栱是柱身上斜支的木构件,用以支承出挑的梁枋。昭烈殿檐下撑栱以龙、凤、狮等动物为题,精雕细刻,几乎成为木雕艺术品,有的龙爪伸屈,有的凤翅双展,每件作品都有独特的造型风格。

亦采用最高等级的形制。

3. 家祠

古代封建社会以氏族为基础,从而发展成部族与民族,构成国家。一切社会财产的继承、血统的繁衍与氏族兴衰都有着直接的关联,因此后代子孙对本族先人祖宗的贡献极为尊重,并建有庙堂与偶像以为追念,这就是家祠,也称家庙或影堂,简称祠堂。

在礼制的约束下,朝廷对祠堂的营建订立了严格的规定。一般位于宅东,称"左庙右寝"制;规模形制则受官吏本身品位等级的制约。按《周礼》规定,"天子至于士皆有庙,天子七,诸侯五,大夫三,士二"(《谷梁传》)。其设家庙数量各有差别,以表示"积厚者流泽广,积薄者流泽狭也"《(史记·礼书》)。东汉光武帝以后改为同堂异室,官庶皆立一庙,遂产生因庙室等级之多少而影响到家庙体量规格的问题。明代曾依唐时旧制,规定凡三品以上官员可做五间九架(架指房屋的进深,九架即有九根檩条)的家庙,三品以下官员则只能做三间五架的家庙,故现存的祠堂大部分为三间厅堂，即是受礼制的影响。清代规定最为详尽，据《大清通礼》记载，亲王、郡王庙制为七间，中央五间为堂，左右两间为夹室，堂内分五室，供养五世祖先，左右夹室供养祧迁的神主，东西两庑各三间，南为中门及庙门，三出陛（三座踏步），丹壁绿瓦，门绘五色花草等；而贝勒、贝子家庙则规定为五间，中央三间为堂；一至三品官员家庙亦为五间，也是中央三间为堂；四至七品官员家庙降为三间，一堂两夹；八、九品官员亦为三间，但明间面阔大，梢间狭小；而一般庶士则"家祭于寝堂之北，为龛，以板别为四室"。至今我们在南方旧住宅的后堂上方尚可见到不少设立祖龛的实例。若后寝室为两层楼，祖龛则放在楼上。家祠建筑上的各种规定，充分反映了封建礼制中上下有别、等级森严的阶级关系。

现今遗留在广大城镇内的祠堂，大部分是以士族、官宦为主体的族祠，在封建社会这种一个族姓的共同的祠堂，已经成为巩固地主家族统治的权力象征。因此族祠常以其庞大的规模、豪华的装饰、精致的雕刻、规整的布置来显示祖先的伟业、族权的威严、宗族的繁荣，使族人建立信心与骄傲感。同时祠堂还兼有一定的法庭作用，对违反封建族规

苏州贝家祠堂门厅外檐局部

祠堂门厅面阔五间。立面采用方形石柱与木质梁枋结合的手法，木构件上有细致的雕刻花纹，与简洁的石柱、石栏互为对比，使朴素与华丽互为反衬。

的族人，族长可以在祖宗牌位前，以先祖的名义予以教育处罚。所以祠堂建筑空间也形成对广大下层族人的一种威慑力量。例如安徽歙县一带祠堂中，巨大的内金柱和五架大梁硕大无比，完全超过结构学的实际需要，就像西方神庙的巨柱一样形成一种威严的气象。又如砖雕、木雕、石雕的装饰艺术，在祠堂中也有惊人的发挥。如闽南一带、粤中一带尤为繁丽，广州的陈家祠堂可为代表。总之，与一般民间住宅相比，在用料质量、加工精度、工艺技巧诸方面，皆胜一筹，是一种高质量的建筑。

族祠的祭祀仪式规模较大，因此都设有广阔的厅堂及庭院，以便全族人进行活动。祠堂虽然是祭祖的处所，同时又是宗族成员社会交往的场所，因此节日婚丧聚会、酬神唱戏、族内议事等皆在祠堂内举行。祠堂可说是全村镇居民的公共建筑，所以祠堂内往往加设戏台及宽广的廊庑来满足使用要求，以备节日设桌饮宴，设凳观剧。有的祠堂还附设义学、义仓，具有广泛的公共活动内容。

在南方闽、粤、赣三省交界处居住着一支特殊的民族，称为"客家人"。他们是由北方南迁的汉族人，为了生产互助及防御外侮，仍然保持聚族而居的习俗，整族人共同居住在一幢三、四层楼高的圆形或方形大围楼里。在客家人居住的环境中，祠堂尤其重要，成为族人团结的象征，因此被安排在圆形或方形围楼庭院的中央。在粤北固始一带的客家人实行横排式房屋聚居方式，祠堂也安排在中部，把前中后三排房屋连属在一起，说明祠堂在大家心目中的意义。

祠堂虽然也是礼制建筑的一部分，但因其使用功能的多样性、分布地区的广泛性、与民间建筑艺术保持深刻联系等原因，造成祠堂建筑与官式坛庙祭祀建筑艺术面貌有很大的差异。除了保持共有的封闭和威严的风格以外，又融合许多活泼的、精巧的民间艺术风格，具有鲜明的地方性。也就是说，祠堂建筑的空间组织与造型，以及装潢处理的艺术风格更为丰富多彩，流露出更多的民俗文化特点。这类建筑不仅在建筑技术上可以成为当时当地发展水准的代表，在建筑艺术上也是地方建筑匠师所能达到水准的高限。祠堂建筑不仅用料考究,加工精细,在装修工艺上更是着意发挥小木作、砖雕作、石刻作、粉塑作等高超的水准,表现出华美的气氛。

先贤祠庙

在中国悠久的历史中,名人辈出。为了纪念他们的功德,遂于全国各地建立众多的名人祠。在众多的先贤祠庙中,除文、武庙为国定祭典外,大部分是由民间或地方设立的,并且深受百姓的信仰与爱戴。

1. 曲阜孔庙

为纪念中国伟大的思想家、教育家及儒家学派的创始人——孔丘而筑的庙堂,兼有名人祠堂、寝殿、圣迹、家庙等丰富的内容,在坛庙中是一项很特殊的实例。著名古建筑学家梁思成曾说过:"以一处建筑物,在两千年长久的期间,由私人三间的居室,成为国家修建、帝王瞻拜的三百余间大庙宇,……姑不论现存的孔庙建筑与最初的孔子庙有何关系,单就两千年来的历史讲,已是充满了无穷的趣味。"

孔子(公元前551—前479年)是儒家的创始人,被历代帝王累次加封为"大成至圣文宣王",并被誉为"集古圣先贤之大成"之人,是古今名贤第一人。孔庙也是惟一具有皇家宫廷建筑规格的祠庙。曲阜孔庙从后汉桓帝永兴元年(公元153年)即由国家设官管理。南北朝、隋、唐皆有修葺,

曲阜孔庙棂星门

即孔庙大门,明代初建时为木结构建筑,清乾隆十九年(公元1754年)重修时改为铁梁石柱。石柱有四,上饰穿云板,顶端雕有四大天将像。

曲阜孔庙大成殿

孔庙主殿,面阔九间,进深十三檩,带周围廊,重檐歇山黄琉璃瓦顶。前檐柱为深雕云龙石柱,后檐柱为八角形平钑浅雕云龙纹石柱。殿前有宽广的月台,主要是供祭孔大典时安排乐舞之用。

宋初已成为"重门"、"层阙"、"回廊复殿"、"重栌叠栱"、"龙桷云楣"的大建筑群了。宋天禧二年(公元1018年)记载,孔庙规模已达316间;金代又扩充为360间。金、明曾两次焚毁。明弘治十七年(公元1504年)发帑银逾152600两重建,这次重建的重点是加设了许多门殿,同时将大成殿提高品级,改为重檐歇山顶。明嘉靖后,又加建了不少牌坊。清雍正二年(公元1724年)再遭雷火焚毁部分建筑,八年进行大规模重修。至今规模依旧,庙内仍保留着金、元以来数十座古建筑,公元1961年定为全国重点文物保护单位。

孔庙位于山东曲阜城中心,孔庙南门正对曲阜城南门,故孔庙将城区分隔成东西两部,这种现象在县城规划中是少见的。形成原因乃曲阜城的建设次序是先有庙后建城。原县治在孔庙之东10里,为更妥善地保护孔庙,于明正德八年(公元1513年)移城就庙,才形成今日格局。孔庙总平面呈长方形,东西约150米,南北长约630米,占地约10公顷。南北共排列着八进院落,中轴对称,一气贯通。前三进院落为前导部分,南门为棂星门,门前有"金声玉振"坊及石桥,二进为圣时门,三进为弘道门,通过三道门殿将空间划分成大小不同的院落。院内遍植松柏,配以各类石牌坊及角门,形成庄严肃穆的序曲。三进院落总长约280米,以如此深邃葱郁的植物环境作为入口引导,在古代建筑群中是非常少见的。进入大中门为第四进院落,主体建筑是正北一座建于明弘治十七年(公元1504年)的两层楼阁——奎文阁,高24.7米,也是孔庙的藏书楼。院内正南为同文门,左为历代衍圣公拜谒圣庙时的斋戒之地——驻跸,右为历代具令谒庙时的斋戒之地——斋宫。奎文阁后为第五进院落,左右边门为毓粹门、观德门,正对着曲阜城的东西大街。院内东西向甬道两侧排列着金代至清代建造的碑亭13座,仿佛一座碑亭展览馆;尤其是建于金明昌六年(公元1195年)的碑亭八与碑亭十一,这两座碑亭是十分重要的古建筑实例。

进入大成门即孔庙的主要建筑区,包括大成殿、寝殿、圣迹殿三座主要殿宇,两侧为长达40间的连檐通脊的廊庑。大成殿为面阔九间黄琉璃瓦重檐歇山顶,坐落在两层汉白玉石高台上。殿内供奉孔子塑像,两侧以四配十二哲配享。大成殿前有宽广的月台,为举行释奠礼时奉祀官员、奉祀生、乐舞生站立之处。举行大典参加行礼人员多达千余人,月台、庭院全部充满执事人员。大成殿前庭院中间有一座方形重檐歇山十字脊的亭子,称为杏坛,原为古时孔子旧宅的教授堂旧址,具有很大意义,代表了孔子授学课徒的传统精神。大成殿后的寝殿内供奉孔子的神位,其殿基与大成殿连成工字形,继承了传统的前殿后寝制度。最后为圣迹殿,殿内陈列描述孔子一生事迹的120幅"圣迹图"石刻画。大成殿东西两侧尚有金丝堂、启圣殿、诗礼堂、崇圣祠、家庙等建筑。

曲阜孔庙建筑不同于一般学官内文庙,它是儒学帝王的祠庙,具有特殊的规制与手法,并且表现在许多方面。如庙群建筑普遍用黄色琉璃瓦,主要殿区围墙四角建立角楼,入口前安排五道门屋,在封建社会这些都是帝王建筑才能使用的规制。又如释奠礼时使用的乐舞为八佾(即用舞人八列八人,共六十四人),大成门内可列戟,这些也都是王者所独有的。这些隆重的做法很自然地造成孔庙的恢弘博大、位居极品的气派。

其次，孔庙建筑在创造环境与安排层次上是很成功的。孔庙建筑空间环境十分简洁，前三进院落种植大片松柏，浓荫蔽天，青翠扑人，行至此间，杂念全消；后四进院落，一色黄琉璃瓦的对称式建筑群，主次分明，形制规整，庭院宽敞，主殿雄伟，使人肃然起敬。这种青、黄颜色相衬，自然与规整布局对比，造成孔庙特有的庄严肃穆的环境气氛，表现出孔丘的伟大与永恒精神。同时在主轴线上又安排了多层次空间序列，从金声玉振坊到大成殿共经过三座牌坊、两座桥、七座门、七进院落等多次分隔才到达主体。沿途形成坊门、林荫、巨阁、亭群、广庭等不同的空间环境，把游人的敬慕心情逐步推移到高潮。

再者，孔庙的建筑装饰亦十分有特色，突出表现在文字装饰点题与石刻艺术方面。孔庙中坊、门类型特别多，各座坊、门皆以经文或褒语命名，如"金声玉振"、"太和元气"、"德侔天地"、"道冠古今"、"至圣庙坊"、"圣时"、"仰高"、"快睹"、"弘道"、"同文"、"毓粹"、"观德"等，这些文字虽非造型艺术，但通过文字提示，确实可以引发拜谒者产生象外之感受，这也是中国文字的特殊艺术功能。清代皇帝十分重视尊孔活动，亲谒孔庙，手书匾额悬于大成殿内，康熙书"万世师表"，雍正书"生民未有"，乾隆书"与天地

曲阜孔庙大成门柱雕之一 /左

大成门前檐的檐柱为蟠龙石柱，形象生动。柱面雕刻采用"剔地起突"的高浮雕法，起伏较大，光影明暗变化强烈，龙的主题则显示了孔庙高贵的地位与等级。

曲阜孔庙大成门柱雕之二 /右

大成门的檐柱有另外一种雕刻方式，石柱采用八角形断面，柱面雕刻为"减地平钑"刻法，以阴剔线刻组成龙云纹图案，不仅主次分明，且极富装饰意味。

参"、"时中立极"、"化成悠久",嘉庆书"圣集大成",光绪书"斯文在兹",由于这些褒语匾额的存在,提高了大成殿的艺术身价。

曲阜孔庙中大量应用云龙云凤雕刻石柱,是其装饰的另一特色。福建泉州、莆田一带出产优质石材,因此建筑上应用雕刻石柱较多,但中国北方用之其少,故孔庙堪称特例。孔庙的大成殿、寝殿、大成门、崇圣祠、启圣殿等处皆用雕刻石柱,建筑的明间或前檐用"剔地起突"的高浮雕刻法,适合远观近赏,其他用八角柱"减地平钑"刻法,也就是在柱面上以阴剔线刻组成图案,并于图案周围浅浅斫去一层,深约1毫米,形成光面与麻面的变化,近观仍然可以见到图形组织,用工不多,但极富装饰意味。最有名的大成殿龙柱刻成上下两龙对翔,中有宝珠,绕以流云,柱脚刻假石山及莲瓣。龙身翻转腾跃,姿态矫捷,就像绕柱飞翔在云层之上的蛟龙。龙身起突约10厘米,阳光照射下光影深邃,是一件很成功的立雕艺术品。

2. 解州关帝庙

位于山西省运城市解州镇,因相传三国时蜀将关羽为解州常平村人,故建庙于此地。关羽字云长,汉末与刘备、张飞三人结义桃园,起兵争天下,屡立战功,平定荆、益,建立蜀汉,与魏、吴成鼎足三分之势,后于荆州兵败被杀。关羽一生以正直忠义和勇猛著称,为历代帝王所推崇,死后追谥为"壮缪侯",宋时封"武安王",明代加封为"协天大帝",清代敕封为"关圣帝君"。再经一部《三国演义》的渲染之后,关羽的忠义故事几乎家喻户晓,各地皆建有关帝庙,以寄托人民敬仰之情。

解州关帝庙建筑面积逾18500平方米,是全国最大的关帝庙,与祭孔的文庙相对应,又称武庙。解州关帝庙始建于隋代,明嘉靖时毁于地震,清康熙四十一年(公元1702年)再毁于火灾,经十余年修复,始具今日规模。关帝庙坐北朝南,分为前后两部分。前部以端门、雉门、午门、御书楼、崇宁殿(正殿)构成多层次的中轴主体,两侧配以牌坊、钟

解州关帝庙刀楼与印楼

刀楼与印楼形制相同,皆为两层三檐歇山十字脊式楼阁,比例瘦长。刀楼内陈列关云长所用青龙偃月刀模型,印楼则陈列曹操封关云长的"汉寿亭侯"印鉴的复制品。刀楼、印楼前立有"气肃千秋"木牌坊。

楼、鼓楼、钟亭、碑亭等附属建筑。后部由娘娘殿(已毁)、春秋楼,以及楼前的刀楼、印楼组成。这些建筑围以矮墙一匝,形成独立一区,相当一般祠庙的后寝部分。前后两部分建筑的东西两侧以长达数十间的廊屋左右围护,组成统一的建筑群体。在庙区之南,隔街建有结义园一座,意味着刘、关、张桃园结义的典故。

关帝庙的布局融合了传统建筑中各类建筑的特点。首先,作为名人祠庙,它具备了前堂后寝制度。而且以大量旌表形的牌坊装饰强化其艺术空间,如钟楼、鼓楼两侧的"万代瞻仰"坊与"威震华夏"坊,午门两侧的"忠精贯日"坊与"大义参天"坊,御书楼前的"山海钟灵"坊,春秋楼前的"气贯千秋"坊等,这些都是突出它的祠庙特点。而街南的结义园,以及已毁的东、西花园也是从宅园的意义上附丽于祠庙之中的一种规划手法。再者,自从明、清时代关羽被封为帝以后,其祠庙更具有帝王宫殿的特色。如修长的廊院制度,前朝后宫分列,前面三座门殿连属是从古代帝居的三门、五门制度因袭下来的,甚至端门、雉门、午门也是帝王宫殿的名称;对端门而建的蓝色琉璃龙壁,正殿用石刻龙

解州关帝庙春秋楼

又称麟经阁,为关帝庙中最高的建筑。面阔五间带周围廊,两层三檐歇山顶。檐下雕饰有精湛的龙凤、流云、花卉、人物等木雕,剔透有致。上层周围廊的廊柱向外虚挑,叠立在下层垂莲柱上,呈吊挂形式,使建筑外观显得空透飘逸。

柱,以琉璃瓦作屋面,甚至庙门的后门也叫做厚载门,都是模拟皇宫的制度。此外,雉门前东、西设钟楼、鼓楼是从佛教寺庙中借鉴来的;庙后设春秋楼固然是引喻关羽喜读左氏春秋的故事,但其布置方位显然受儒家文庙建筑布局中尊经阁的影响。从解州关帝庙中可以发现建筑艺术的发展,不仅有纵向的古今传统的继承影响,同时也受横向各类型建筑间的交流借鉴的启发。

3. 各地文庙

文庙的建造是随着尊孔活动的升级而发展的,唐代以后除京师孔庙以外,各府州县学内皆立文庙一所。宋代范仲淹任苏州知府时,首先将府学与文庙合于一处,学宫为习文之所,文庙为演礼之处。至明代全国文庙数量达1560所。清代更有所增加,甚至大的书院内也建造文庙,如岳麓书院。

庙学合一以后,二者的布局关系有多种形式。按南宋《景定建康志》中所绘的宋代建康府(今南京)文庙的布局来看,文庙由泮池、棂星门、仪门、大成殿等组成,位于中部;学宫明德堂、议道堂、书阁位于文庙之后方;生员读书的六斋处于文庙的东西,而教授厅、射圃等则位于西跨院,这是中庙外学的布局。苏州博物馆所保存的"平江图"碑中所反映的苏州府文庙在府学之东，呈左庙右学的布局。现存之明、清文庙及县学绝大部分为左庙右学制度，且几乎已经成为定制。

明、清以前的文庙实例仅有两座。一为河北正定文庙正殿，约建于唐末宋初，其木构架十分简洁雄大，不设补间斗栱及普拍枋，是中国古代木构建筑史的重要实例。另一为山西平遥文庙大成殿，属金代遗构，为五开间的大殿堂。可惜的是这两处文庙仅余正殿，原来的总体布局已经更改，因而无法探知宋、金时代文庙布局的原状。

明、清时期的文庙皆有基本布局形式。一般由棂星门、泮池、大成门、大成殿及殿前作为祭孔时舞乐礼仪用的宽广的月台组成。此外尚可建造数量不同的各式牌坊、万仞宫墙、照壁、碑亭、仪门、钟鼓楼、乡贤祠等建筑。各地文庙根据占地条件多有所增删，各具特色。例如，四川富顺文庙以石雕的三楹并列冲天牌坊取胜；云南建水文庙以巨大的泮池及雕饰丰富的先师庙槅扇门最具特点；苏州文庙的巨大殿堂，四川资中文庙的塑雕大照壁，北京孔庙的元代先师门及乾隆石经等，皆是很有特色的文庙建筑。天津文庙因为府县皆设于此，故均有照壁、泮池、棂星门、大成门、大成殿，东西双庙并峙，亦为特例。

4. 一般先贤祠庙

先贤祠庙建筑艺术与自然天地山川坛庙不同，与祭祖的太庙家祠也不同。自然神祇坛庙在宣扬上天的威严，通过突出而鲜明的建筑体态、象征寓意的设计构思、雄伟的环境创设，达到人们对虚幻的世外仙境的崇信，带有浪漫色彩。宗庙家祠是为了寄托对祖先创业的哀思，为感恩而设，建筑上带有浓厚的生活气息，又具有庄严肃穆的气氛。而先贤祠庙在发扬历史名人的可贵精神，表彰其杰出的贡献，以激励后人方面有重要作用，故其建筑具有更多的文化气质与教化性。

先贤祠庙中除文、武庙为国定祭典外，大部分是由民

合肥包公祠祠堂内景

包公祠的规模不大,正房内供奉包公塑像,形态刚毅、凝重,表现出包公正直不阿的品德。塑像上方的匾额、两侧的楹联及竖于东壁的包拯家训碑刻,除颂扬包公之事迹及精神外,对后世也有一定的教化作用。

间或地方设立的,并且受到广大百姓的信仰爱戴。这些祠庙或设在先贤名士的家乡与其主要建功立业之地,或是由先贤的故居发展而成。如四川眉山三苏祠所在为宋代文豪苏轼父子的家乡,四川成都武侯祠、扬州史可法祠所在为名臣报国的地域,福州林则徐祠为林氏原来的故居等。一般先贤祠庙建筑造型较简朴,不拘一格,带有民居风格,而且多入乡随俗,采用地方建筑构造技术建造祠庙,外形特点十分鲜明,绝无雷同之感。

  先贤祠庙的文化教育作用,除了建立书卷气氛的建筑环境外,为了表彰名士之伟业,充分利用中国传统建筑中的题额、联对的手法,以大量的匾额、对联、碑碣、书屏等文字题材装饰建筑,借此记叙、颂扬先贤名人事迹。有些联对的书法本身就是艺术品,如三苏祠中对联"一门父子三词客,千古文章四大家",成都武侯祠中《前后出师表》的壁刻等,在游人欣赏美妙的文笔之余,对名贤的胸怀、气质、功业亦产生敬意。为增强艺术感染力,在某些先贤祠庙中也塑制偶像,如合肥包公祠的塑像,形态刚毅、凝重,表现出包

成都武侯祠园林

武侯祠西侧有园林一座，以水池为主体，环池建有亭榭、楼台，树木森茂，碧波倒影，环境清幽，成为群众凭吊之余的休息场所。

拯正直不阿的品德。

有些祠堂与墓地结合在一起，形成祠墓合一的布局方式。如杭州岳庙与岳坟结合；扬州史公祠与史可法墓结合；韩城司马迁祠与司马迁墓结合等。这种祠墓结合的方式早在汉代即已实行，如山东肥城孝堂山郭巨祠、山东嘉祥武氏祠都是祠墓结合的范例。这种祠墓合一的布置不仅加深了人们对先贤的追思，同时也扩大了祠庙的纪念价值。

先贤祠庙有很多是由民间自发建立的。由于群众集会的需要，往往将祠庙附近用地加以规划，形成游览性的园林。人们在凭吊之余尚可游息其间，如三苏祠、杜甫草堂等。有些祠庙选址即在风景优美的游览区，如宋代范仲淹祠设在苏州天平山风景区，张飞庙设在四川云阳县城对江的风景区等。总之，先贤祠庙建筑有别于神祇坛庙建筑，在其艺术风貌中表现出浓厚的地方性、教化性、游览性，具有丰富的建筑空间形式。

明堂与辟雍

明堂是历代儒家十分推崇的一种礼制建筑。据《礼记》记载:"昔者,周公朝诸侯于明堂之位。""太庙,天子明堂。""祀乎明堂,所以教诸侯之孝也。"说明明堂具有天子颁明政教、会见诸侯、兼祀祖宗的功能,是一座行政兼祭祀的建筑,也可以说是古代早期社会帝王拥有政权的象征,从某种意义上说,还具有坛庙祭祀建筑的性质。但有关明堂建筑的具体规制,又是儒家聚讼千载,莫衷一是,虽经反复考证,终不得其解的大难题。就在这种思维混乱的情况下,历代帝王建造了不同形式的明堂建筑,建明堂活动则一直延续到封建末期。明堂形制所以不能确认的原因,主要基于社会的发展所引发之建筑类型的变化。早期的中央集权建筑,在后期的封建社会中已逐渐分化成为宫殿、祭坛、宗庙等专属建筑类型,明堂实用功能已不存在,其名称仅为后代儒家"尊古从周"的一种象征而已。故历代明堂形制也只能在某种数据和形成细节上做文章,但古代文献所提供的数据形式之论述又十分模糊、残缺、矛盾,无法统一,因而造成虽屡经考证,但又各有所据的多种方案、多种理解并存的局面。

最早记述明堂制度的文献是东周春秋时成书的《周礼·考工记》,书中《匠人》一节提到:"周人明堂,度九尺之筵,东西九筵,南北七筵,堂崇一筵,五室,凡室二筵。"亦即周代明堂台基为东西81尺,南北63尺,高9尺,台上有五室,每室14尺见方。成书于汉初的《大戴礼记》亦有明堂的描述:"明堂者,古有之也,凡九室,一室而有四户、八牖,以茅盖屋,上圆下方,九室十二堂,室四户,户二牖。"这段记载与《周礼·考工记》不同的是提出明堂由九室十二堂构成,上圆下方,茅草盖顶。此外,儒家研究复原明堂建筑时也参考《周礼·考工记》中提到的夏殷时代与周明堂作用类似的夏世室、殷重屋的形制描述。总而言之,古代人理解的周明堂是一座正方形十字轴线对称的单层或高层的厅堂建筑,顶部为依中心四隅式建造的五室,或按九宫格式建造的九室。至于《周礼·考工记》或《礼记》中所说的明堂规制，究竟是历史的真实建筑，还是儒家的理想方案，在无确切的文献记载和考古发掘材料的条件下，已无法考证清楚。

1. 历代明堂建设

已知的历代帝王的明堂建设有如下各项：汉武帝元封二年(公元前109年)在泰山建明堂；汉平帝在长安建明堂(沿用至王莽时代)；东汉光武帝在洛阳建明堂。西晋、东晋、南朝皆在宫城内建明堂，但皆为普通的矩形平面殿堂，并未遵循周代古制；北魏孝文帝在代京(今大同)建明堂；唐代武则天垂拱四年(公元688年)在洛阳宫城内建明堂；北宋徽宗在汴梁宫城内，以及南宋高宗在临安宫城内建的明堂皆为普通殿堂形式。

汉武帝所建的明堂比较简陋，儒家在秦火之余，典籍散失，史料缺乏，无法提出确切的建筑方案，仅凭济南人公玉带所呈奉之个人想像的黄帝时明堂图建造。该方案为一座大的方形重楼式茅亭，周围环绕圆形水渠而已。历史上明堂建筑设计较具意味的是汉平帝明堂与武则天明堂。

汉平帝明堂 即王莽明堂，近年已在汉长安故城南郊发掘出遗址，并经专家对其原来形貌作出复原图。这是一座十字轴线对称式的建筑，最外为一圈圆形水渠，称为辟雍。渠内为正方形墙垣，四正向设四门，四隅设曲尺形角房，墙垣中心为一亚字形的夯土木架混合结构，中心为夯土墙心，四周为层层叠叠的木构单层房屋，上层建五室，中层建造四堂八房，下层为廊、梯及辅助房间。王莽明堂是一座政治性产物，是为粉饰他进行托古改制、篡夺汉室的政治目的做宣传的。其形制为总结历代儒家争论以后的一种新设计。它突出了五室的分列，正面四堂的布置，强调方圆的变幻与九五之数列。同时利用战国以来的高台榭式建筑技术成就，建造出宏伟、对称、庄严的建筑艺术布局形式。王莽明堂虽是西汉末年有关明堂的一种新创意，但它的严整形貌与象征的数据一直成为历代明堂创作与理论探索的基础，影响甚大。

武则天明堂 系另一次建筑艺术新创意。根据武则天自己的话来说："时即沿革,莫或相遵,自我作古,……式展敬诚。"即不再拘泥五室、九室之争,以及各种繁琐的象征数字涵义,建成一座高耸的"上堂为严配之所,下堂为布政之居"的三层大楼阁。"下层象四时,各随方色,中层法十二辰,圆盖,盖上盘九龙捧之;上层法二十四气,亦圆盖。堂中有巨木十围,上下贯通,栭、栌、撑、榱借以为本。"据记载该堂高达294唐尺,也可能记载有误,但表明该建筑在当时确实是一座极高大的建筑。武则天洛阳明堂反映出盛唐时代气息,其轴线对称的体型、井然有序的布局、浑然一体的面貌,皆表现出武则天君临一切,不可动摇的力量与权威和君权神授的象征性,其艺术力量远超过周礼中表现的九五室古制的建筑形象。

2. 明堂之议

除已知的明堂建筑之外,尚有两次规模巨大的明堂建筑方案讨论。一次是隋文帝开皇十二年(公元593年)拟建明堂,因诸多儒生争论不休而作罢。炀帝大业年间又拟建明堂,亦未实现。在两次筹划中,中国古代最著名的建筑师之

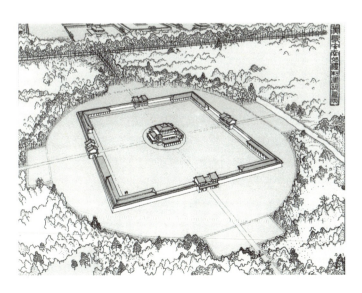

汉长安南郊礼制建筑复原图

汉代的祭祀建筑,基本上承袭于秦代。汉长安城南郊建有规模庞大的礼制建筑,平面沿纵横两条轴线展开,完全采用对称式布局,外面是方形围墙,四面辟门,四角则配以曲尺形房屋。

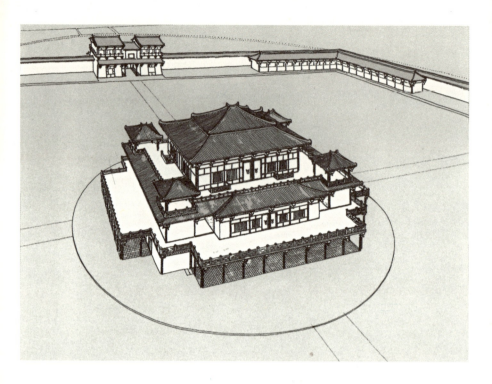

汉长安南郊礼制建筑复原图局部

汉长安南郊礼制建筑遗址的方形围墙内,在庭院中央有高起的方形夯土台,台上仍残存若干柱础,可由此推出原来台上建有形制严整和体形雄伟的木结构建筑群,夯土台外凿有圆形水池,可能是西汉末年依礼制要求建造的明堂辟雍。

一宇文恺曾参预其事,并随进呈方案绘制图纸,制作模型。他的方案是:"下为方堂,堂有五室;上为圆观,观有四门,重檐覆庙,五房四达,丈尺规矩,皆有准凭。"《(隋书·礼仪志》)该堂基本上是下方上圆的两层大建筑。第二次是在唐高宗总章二年(公元669年)。这次讨论方案不再拘泥于周礼叙述之明堂制度的束缚,而是采纳当时儒、道、阴阳、五行、八卦等各学派的理论,"自我作古","以今解古",综合成一个庞大的建筑方案,集中表现了当时建筑艺术与技术的最高成就。按描述的方案推测其形象是:下部为直径280尺的八角形大台基,台基上为两层的大建筑,每层皆为重檐。下层方形,每面九开间,中央部分高出屋面,可以从侧天窗采光。上层为正方形,五开间,内部设八根擎天的堂心柱及四根辅柱,形成上部重檐屋面,屋面为上圆下方。整个建筑形制、梁枋构件的数量及尺度皆附会《周礼》、《周易》、《河图》、《礼记》、《汉书》等古籍中有关阴阳、五行、天象、节气的叙述，具有极丰富的想像力，是古代象征主义建筑的一次全面探索，对以后的坛庙祭祀建筑造型具有深刻的影响，明代北京圜丘坛即明显地接受了它的某些设计构思。

清乾隆四十八年(公元1783年)弘历巡视京城国子监时，曾发诏旨说："国学者，天子之学也，天子之学曰辟雍，诸侯之学曰泮宫。"(《清朝通典·卷五十六·礼·嘉六》)但现存国学内并无辟雍建筑，故特令增建一座。这是一座正方形五开间带周围廊的重檐攒尖顶大亭阁，坐落在一正圆形水池之中，四面各设一桥，黄瓦，红柱，庄严肃穆。辟与壁通，指圆形，雍为堤防止水之意；实际上，辟雍一词是指明堂周围环绕的圆形水渠而言，并无单独存在的辟雍建筑，后来辗转传讹，认为国学亦称辟雍。

时至封建末期，明堂之议早已寝息，乾隆提出建造辟雍，完全出于政治目的，以建筑艺术手段来宣传他所倡导的礼乐盛事，表示他"行礼乐，宣德化，昭文明，流教泽"的善举。辟雍功成之后，于乾隆五十年二月孔庙释奠先师孔子礼成后，由弘历亲临辟雍讲学，史称"临雍"。以后，嘉

北京国子监牌楼

国子监系元、明、清三代的国家最高学府。国子监之前的街道入口处，耸立着一座两柱三楼带吊柱的冲天式牌楼，额书"国子监"，比例合宜，小巧宜人。通过牌楼即达国子监。

北京国子监辟雍环水石栏

辟雍系重檐四角攒尖顶的方形建筑,居国子监的中心位置,辟雍坐落在一正圆形水池之中,四面各设一桥,黄瓦、红柱,庄严肃穆;水池四周及四座石桥上皆有汉白玉栏杆围护。这种别具一格的建筑形式,是按儒家学说中的"辟雍泮水"意匠设计的。

庆、道光皇帝也效仿乾隆来此临雍讲学。虽然国子监辟雍的形制与明堂古制相隔遥远,但辟雍为一座重檐方形建筑,四面无壁,只设槅扇门,且四周环以圆形水池,可以看到"明堂"的影子,所以在礼制思想不断变化的情况下,也可以说是纷扰两千余年之明堂建筑的最后一次反射。

明堂虽非纯粹的坛庙祭祀建筑,但它是坛庙祭祀建筑早期源流之一。在历代明堂争议、探索与创建的过程中,不断赋予坛庙形制以积极的影响,特别是它的十字轴心对称布局与印象主义的数、形安排,更是神坛建筑的主要应用形制,一直影响到清代坛庙。此外,明堂形制的变化也从侧面反映着不同朝代的政治动向、文化气质和建筑技术水准的变化,以及人们的审美观、艺术观的新趋向。所以明堂是与坛庙发展密切关联的一项建筑活动。

艺术形象

综观上述礼制建筑,可以看出神祇坛庙与人文祠庙虽然皆属神鬼祭祀建筑,但其艺术形象却有着不同的侧重。

神祇坛庙比较注重空旷的自然环境、稀疏的建筑密度与无反衬对比的建筑尺度,使人融于自然之内,以达到隔绝尘寰、天人相接的目的。在具体形制上习惯采用四方轴线对称，突出中心，消除差别的构图，并采用大量的形、数的象征手法，加强礼制建筑艺术的联想性与理性化。另外，礼制建筑多不设偶像，仅以木主代表神明，因此雕塑与壁画等表达形象的艺术形式较少应用。总之，神祇坛庙是抽象艺术。

人文祠庙的选址则比较注意建筑的社会环境，山川、风景、生卒居地，竭力增加祠庙与人群的接触关系，达到育人教人的目的。人文祠庙的形制多脱胎于民间居室制度，前堂后寝，事死如生。建筑群呈纵轴展开之势，注意对比关系，层次变化。建筑装饰多用联匾、字画、金石刻镂，以文学环境点缀建筑环境，增强建筑环境的启发性与诱导作用。人文祠庙多用偶像以增进感染作用，因此对砖、木、石三雕技艺应用得更多一些。可以说祠庙为具象的艺术，这也表明了与神鬼艺术的差别吧。

中国礼制建筑的起源是由儒家礼制思想引发的，所以它仅盛行于礼制思想植根甚厚的汉族地区(或接受汉文化较深的满族地区)。至于不同信仰的蒙、藏族及信仰伊斯兰教的诸民族，则另有属于该民族的鬼神信仰及相应的祭礼建筑，如维吾尔族的名贤祠、回族的拱北、白族的本主庙等。

中国礼制建筑为非生活用建筑，是纯粹以建筑空间艺术形象为手段，使人们获得视觉上之感受的营造活动。它的主要艺术目的异于宗教寺庙为了祈福和来世，而是要"助人教，敦教化"，规范现实人间的社会行为，宣传儒家礼制思想，达到精神上的教育与制约作用，其核心思想则是秩序感，故中国礼制建筑可说是世界建筑史上最特殊的一种思想性建筑。

中国古建筑之美

·礼制建筑·
坛庙祭祀

● 华北　　　　　● 华南　　　　● 华北

　　　　　　　● 华中　　　　● 东北

自《三礼》成书以来，礼即影响先民生活各面，加之历代帝王的提倡、儒家的影响，"礼"仅成为一种规制，更成为中华民族不可或离的生要素，由对先祖的"生之以礼，事之以礼"，以待天地、山川、四方之神，以礼待先圣先哲，而成传承久远的坛庙祭祀礼仪，奉祀的建筑也应运生，礼制建筑成为中国建筑文化中重要的组成部。本册依华北、华中、华南、东北各区，分别介分布在这片古老大地上的祭坛、先贤先圣庙及家建筑，图版安排自天坛伊始，而终于天坛祈谷坛，以天为始，以天为终，象征中国人以天为大的想，五岳、四海、先儒、贤哲及诸祖均含于其，形成圜和圆融的中国坛庙祭祀体系。

图版

天坛棂星门与圜丘

北京

　　天坛位于北京市永定门内大街的东侧,居正阳门与崇文门之南,分"圜丘"与"祈谷坛"两部分,为明、清两代帝王祭天、祈谷、祈雨的场所。圜丘是每年冬至日皇帝在此举行祭天仪式之处,又称"祭天台"、"拜天台",位居天坛南部,始建于明世宗嘉靖九年(公元1530年),清高宗乾隆十四年(公元1749年)又大加扩建。图前方为圜丘棂星门,设立于圜丘两重墙墙的四面正中。棂星门的造型是由宋代的乌头门演化而来,与明、清盛行带有楼屋的牌楼门有极大的不同,这种石制的棂星门往往成为坛庙、陵墓的专用门制,天坛汉白玉的棂星门又与汉白玉圜丘坛形成绝佳的呼应。

天坛圜丘全景

圜丘坛外观为圆形,由三层汉白玉石台基构成。坛外设墙墙两重,内墙圆形,外墙方形,均为蓝琉璃瓦结顶,朱红墙身,两重墙墙四方正中各设汉白玉石棂星门。在外墙墙内的东南方有燔柴炉、瘗坎、铁燎炉等设施,为祭祀时焚烧祭品、掩埋毛血之处。在外墙墙西南角有望灯台遗迹一座,为祭天时悬挂"望天灯"的灯杆。墙墙之内全为城砖海墁,不植任何树木,墙墙之外则遍植翠柏。圜丘坛在苍翠的环境下,玉砌雕栏,通体素白,衬托于穹苍之下,显示出高雅、端庄、崇高的艺术气息,益发增加对天神的崇敬。

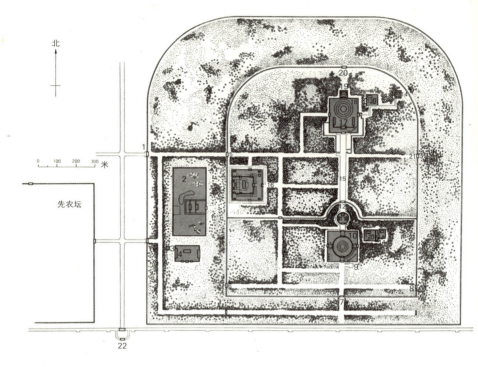

北京天坛总平面图

1.坛西门 2.神乐署 3.钟楼 4.牺牲所 5.西天门 6.广利门 7.南天门 8.泰元门 9.具服台 10.圜丘 11.皇穹宇 12.成贞门 13.神厨神库 14.宰牲亭 15.丹陛桥 16.斋宫 17.祈年门 18.祈年殿 19.皇乾殿 20.北天门 21.东天门 22.永定门

  天坛是"圜丘"、"祈谷"两坛的总称,位于北京永定门内大街东侧,与先农坛夹着全城的中轴线东西对峙,为明、清两代皇帝祭天祈丰收、祈雨的地方,是现存封建王朝祭祀建筑中最完整、最重要的一组建筑。

  天坛初建于明永乐十八年(公元1420年),原是合祭天地的地方,因此称为天地坛,后明世宗嘉靖九年(公元1530年)恢复四郊分祭制度,将原来南郊的天地坛改为专供祭天祈谷之所,并更名为天坛。现存规模是明嘉靖九年形成的,除祈年门和皇乾殿是明代遗物外,大部分建筑于18世纪初改建,其中主要建筑祈年殿于清光绪十五年(公元1889年)被雷火焚毁后按原来形制于次年重建。

  天坛面积广阔,占地约273万平方米,以双重坛墙分为内坛和外坛,主要建筑物都在内坛。坛墙的平面接近正方形,但北面的两角采用圆形,南面为正角,是附会中国古代"天圆地方"之说而设计的。由于传统的礼制联系,天坛位于大街东侧,但主要入口设在西面。

  天坛的建筑,按使用性质分为四部分。在内坛墙内,沿着南北轴线,南部有祭天的圜丘及其附属建筑,以及北面的皇穹宇;北部以祈祷丰年的祈谷坛上的祈年殿为主体,附以若干附属建筑;内坛墙西门内南侧是皇帝祭祀前斋宿的斋宫;外坛墙西门以内建有饲养祭祀用牲畜的牺牲所和舞乐人员居住的神乐署。其中圜丘和祈谷坛(祈年殿)为全部建筑的两大主体,两者之间以一条高2.5米、长360米的铺砖神道——丹陛桥相联系。总体观之,丹陛桥并不是在正中而是略偏于东部。

  天坛的建筑布局一反传统院落式布局手法,将轴线安排在两坛垂直方向,轴线直指苍天。圜丘坛围绕此天轴形成3层坛、2层墙、8座棂星门;祈谷坛也是围绕天轴展开平面的各种布局。虽然在两坛之间也有南北轴线,但仅为次要轴线,人们进入坛区后,首先引发其深刻注意的是这指向上方的天轴,这是天坛建筑艺术构思所要体现"天"的伟大与"天人相接"的思想。

北京天坛圜丘与皇穹宇平面图

圜丘是天坛南边的主体建筑，由三层汉白玉石坛组成，为皇帝每年冬至日祭天的场所，祭祀时在坛上临时架设幄幕。坛始建于明嘉靖九年(公元1530年)，原大多采用蓝色琉璃砖砌筑，清乾隆十四年(公元1749年)重修时，改以青石和汉白玉石，留存至今。

圜丘为祭天场所，因此坛建为露天圆形，符合露祭和天圆地方之说。又.中国古代认为天为阳性，以奇数为"阳数"，所以圜丘的台阶、栏杆、铺地石块均为9或9的倍数(9为阳数之极)，以示天体的至高至大。圜丘周围以两重墙墙环绕，内圆外方，两重墙墙的四面正中各设汉白玉石棂星门3座，内外墙之间有祭祀用的望灯3座、燎炉12座。总观圜丘建筑群，造型简单庄严而明朗。

圜丘北面是供奉"皇天上帝"牌位的皇穹宇。祭天时，皇帝把牌位请到圜丘坛上，仪式完毕后再送回此处，皇穹宇又称泰神殿，始建于明嘉靖九年(公元1530年)，原是一座重檐圆顶建筑，清乾隆八年(公元1743)改建时，改为单檐攒尖青琉璃瓦顶。全殿高19.02米，直径约15.6米。殿内由8根金柱和8根檐柱承托屋顶，中部用七踩斗栱支撑三层天花藻井，层层收进，构造精巧华美，为古建筑中罕见，殿外有一圈正圆形围墙，即是著名的回音壁，与皇穹宇台阶前三块奇妙的回音石，同是天坛著名的回声奇景。圜丘和皇穹宇都有环形围墙，声波经围墙反射，可造成特殊的音响效果。

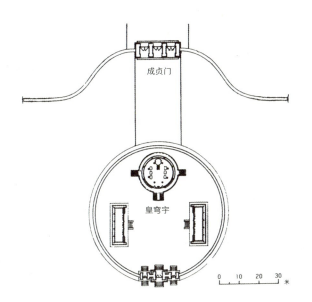

皇穹宇平面图

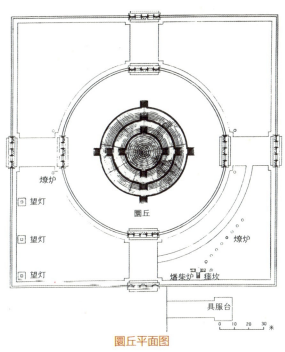

圜丘平面图

天坛圜丘坛望皇穹宇及祈年殿

北京

天坛始建于明成祖永乐十八年(公元1420年),至明世宗嘉靖九年(公元1530年)改为天地分祭,加筑了圜丘坛,才形成现在的规模。天坛面积广阔,占地约273万平方米,由内外两层坛墙围绕。坛墙南面两角为直角,北面则为圆弧形,以象征"天圆地方"。在内坛墙偏东位置安排了圜丘与祈谷坛两组建筑,圜丘在南,祈谷坛居北,按南北轴线方位直对天坛南门与北门。图为自圜丘坛北望,可见棂星门、皇穹宇及祈年门、祈年殿,层层屋顶起落相间,有跌宕之感。

天坛圜丘坛台基局部与棂星门

北京

圜丘坛由三层汉白玉石台基构成，呈圆形，以象征天，三层台基皆围以汉白玉石栏杆。古人认为"九"是阳数之极，以示天体至高至大，因此圜丘坛地面、台阶、栏杆皆采用"九"或"九的倍数"砌造。如中心顶层坛面有九圈面石，自中心的9块递增至81块，中层坛面由90块递增至162块，下层坛面自171块递增至243块。每层石阶为9级，顶层石栏72块，中层108块，下层180块，共计360块，正合周天360°之数。图为圜丘坛下层石栏、望柱及螭首出水口，全为京郊的汉白玉石所制，洁白无瑕，神圣非常。

天坛皇穹宇三座门

北京

天坛由圜丘与祈谷坛两组建筑组成,圜丘又可分为圜丘坛与皇穹宇两部分。皇穹宇居圜丘坛北方,以其三座门与圜丘坛相连接。皇穹宇券门是由三座歇山顶砖石券门组成,饰琉璃瓦顶,中门较高大,并围以白石栏杆,以突出主体。此券门比例协调,做工精致,与圆形的围墙相配比,并与南面圜丘坛外墙墙的白石棂星门相呼应,很巧妙地解决了圜丘外墙方形与皇穹宇外墙圆形之间的构图联系问题。

天坛皇穹宇回音壁

北京

皇穹宇的圆形围墙高约3米,厚逾1米,蓝色琉璃瓦结顶,是以最光洁的磨砖对缝城砖砌法砌筑。利用这座围墙可作一种传声试验,人的声音在圆形围墙上经过几次折射后,可以由东边传到西边,因此取名"回音壁"。传声时,必须两人同时在东、西配殿后贴墙而立,面向北方,一人靠墙说话,另一人将耳朵紧贴墙面倾听,即可清楚地听到对方传话。对这种能产生巨大回音的神奇现象,古人名之为"亿兆景从",实际上,这是古代建筑中所反映出的一种声学现象。

天坛皇穹宇

北京

皇穹宇是圜丘建筑中的一组建筑,是平时供奉"皇天上帝"牌位的地方,祭天时才将牌位由皇穹宇移到圜丘坛上进行祭典。皇穹宇建于明世宗嘉靖九年(公元1530年),初名泰神殿,嘉靖十七年改为今名。清高宗乾隆十七年(公元1752年)重修,改换为蓝色瓦。正殿为圆形单檐攒尖顶,东、西各设一座面阔五开间的配殿。正殿后方建有神台,为供养神主之地。圜丘、皇穹宇及祈年殿为天坛内三座主要建筑,皆取圆形构图,但形体各异,彼此皆有明显的个性风格,但又形成统一的整体艺术构图。

天坛皇穹宇室内藻井

皇穹宇室内装修光华夺目,富丽堂皇,除八根金柱外,天花更以贴金龙凤为装饰。皇穹宇内部的圆形天花由向心排列的镏金斗栱承托,形成藻井三层,层层收进,整个天花由支撑的结构构件及藻井天花组成一个有机整体,极具装饰效果。藻井正中为一条金黄色的蟠龙,环绕附近的是装修精美的龙凤纹天花。其下由八根红地缠枝莲金花彩绘的金柱所支撑,使室内呈现出庄严华丽的格调,与祈年殿相较而毫不逊色。

北京

天坛皇穹宇内景

皇穹宇本为重檐圆顶建筑,乾隆年间改建时更为单檐蓝色琉璃瓦顶,立于单层汉白玉石台基上。殿高19.5米,直径约15.6米,殿内由八根贴金缠枝莲金柱和八根檐柱承托屋顶,室内中央则设七踩斗栱所支承的三层天花藻井。殿内有汉白玉雕花石座,座上设龛,供奉"皇天上帝"牌位,祭天当日,将神主由殿内用轿子抬至圜丘坛幄帐中,祭毕再送回原处供养。雕花石座两侧各有四个石台,是放置清代八位祖先神主之处。皇穹宇室内装修华美,充分显示出敬祀天帝之处的尊贵气氛。

北京

天坛祈年门与燔柴炉

北京

自皇穹宇向北,出成贞门,即可望见北侧的祈谷坛,二者以长360米、高5米的砖石大道(丹陛桥)相联系。祈谷坛墙的南门称南砖门,体量较小,为单檐庑殿顶,绿琉璃瓦;北侧大门为蓝色琉璃瓦的单檐庑殿式建筑,体量较大。图中绿色琉璃瓦叠砌而成的高台为燔柴炉,是焚烧牺牲之处。祭天时,炉内以松柴点燃,将预先宰好的一头犊牛送到炉内焚烧,焚烧的香气据说可传送到天神处,天神可降临祭坛,人、神便可互通声息。

天坛祈谷坛香炉与祈年门

北京

祈谷坛建于明成祖永乐十八年(公元1420年),当时为大祀殿之基坛,称为"天地坛",是天坛最早的建筑物。坛呈圆形,共分三层,通高5.56米。三层坛面周围均设石护栏,护栏以下为须弥座式的坛座。护栏望柱下设置出水口,三层各异,图为祈谷坛下层的须弥座、石栏及望柱,望柱头饰云纹,出水口亦为朵云形。祈谷坛周围排列许多祭礼用品,第一、二、三层为铜鼎,地面层则为香炉,装设十分典丽。图前方蓝色琉璃瓦单檐庑殿顶建筑为祈年门。

天坛祈谷坛配殿

北京

祈年殿前方东、西两侧各设配殿九间,配殿面阔44米,进深8.5米,建于高1.5米的砖石台基之上。配殿前方出廊,明间正面及前廊南、北两侧各有垂带踏跺九级。配殿是存放从祀牌位之处,建筑形制为蓝琉璃瓦单檐歇山顶。明代在现有的九间配殿后方还设有七间后殿,存放日月星辰、风云雷雨、五岳五镇、四海四渎、山川太岁、历代帝王的神主,清乾隆时,只以五代祖先配祀,不再供奉其他神祇,因此拆除后殿,乾隆十五年(公元1750年)并重修配殿,成今日格局。

天坛祈年殿正面全景

北京

祈谷坛包括祈年门、祈年殿、左右配殿、皇乾殿等主要建筑。祈年殿是祈谷坛的正殿,明成祖永乐十八年初建时称为大祀殿,在此举行天、地合祭式,为面阔十二间的长方形大殿,屋面为黄琉璃瓦,后改为青琉璃瓦。明世宗嘉靖二十四年(公元1545年)改建为大享殿,作为孟春祈谷和秋季大享之处。形改为圆形,三重檐,攒尖顶,瓦色各异,分别为:上层青色,中层黄色,下层绿色,代表昊天、皇帝、庶民(一说代表天、地、谷物)。清乾隆十七年(公元17年)再次改建,将三层檐均改为青色,并称"祈年殿"。

天坛祈年殿全景

北京

祈谷坛是天坛北方的一组建筑群,在创造天神崇高及天人感应的意境上十分成功。将正殿祈年殿安置在一块高地上,以三层台基承托,建筑物并采用高耸的三层檐攒尖顶,保持了祈年殿踞高制要的气势。坛上不植树木,使祈年殿愈见崇高。其他次要建筑远落于祈年殿之下,更加提升祈年殿的地位。图为祈年殿全景,白石承托,青瓦向天,背衬苍穹,在色彩处理上极为成功,以洁白纯净的青、白两色,诱发朝拜者产生宁静、向天的感觉,是十分杰出的设计。

祈年殿正立面图

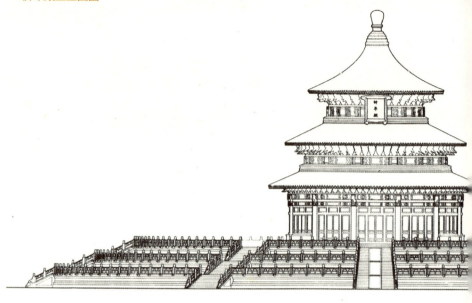

北京天坛祈谷坛平面图与祈年殿正立面图

祈谷坛位于天坛轴线北部，为一圆形三层汉白玉石坛。坛上建造圆形平面三层琉璃瓦檐的祈年殿，殿的东西两侧有配殿，前为祈年门；整座祈谷坛坐落在一个砖砌高台上，四面设置砖券门。坛后方为皇乾殿，建于明嘉靖十七年(公元1538年)，是供养皇天上帝神主的地方。

祈谷坛的主体建筑祈年殿是天坛最突显的一座建筑物，被视为天坛的标志，殿始建明永乐十八年(公元1420年)，原是一座长方形的大殿。明嘉靖二十四年(公元1545年)重修时，为符合"天圆地方"之说，遂改建成上青、中黄、下绿(象征天、地、谷的颜色)的三色琉璃瓦的三层重檐圆形大殿，并更名为大享殿。至清时改称为祈年殿，乾隆十六年修缮时，将三层琉璃瓦檐一律改为青色，光绪十五年(公元1889年)毁于雷火，现存建筑乃照原样重建。

祈年殿矗立在面积5900平方米、高6米的三层汉白玉石圆形台基上，围墙方形，象征"天圆地方"。全殿高38米，直径32.72米，三层青色琉璃瓦檐，逐层收缩向上，象征与天相接；殿顶冠有镏金宝顶，光彩耀眼。殿四周不置墙壁，仅以槅扇门替代。全殿结构独特，不用大梁和长檩承架，檐顶重量全部由28根大木柱和36根弧形檩条支撑，堪称我国抬梁式木构建筑的经典之作。殿中间4根龙井柱最粗，高19.2米，代表一年四季，中层12根金柱象征一年12个月，外层12根檐柱表示12个时辰，内柱24根代表24节气，整个大木柱的排列与数目均与天象相关。殿内地面正中是一块圆形大理石，带有天然龙凤花纹，与殿顶中央的蟠龙藻井遥遥相对，殿顶四周天花图案亦呈圆形，金描彩绘，富丽堂皇。

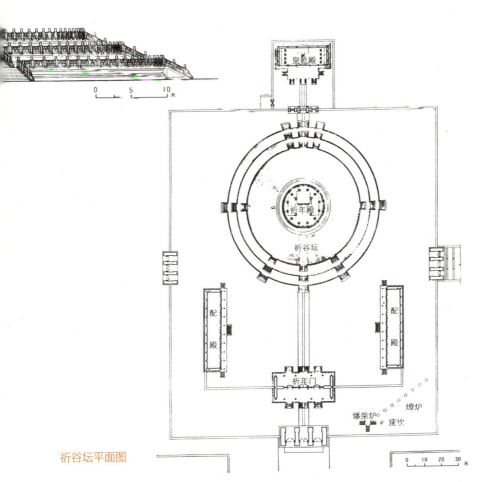

祈谷坛平面图

天坛祈年殿内景

祈年殿室内构架是十二根檐柱、十二根金柱、四根攒金龙井柱组成,分别承托着上部三层屋檐。当中四根龙井柱高达19.2米,直径1.2米,柱身上下全部绘制沥粉贴金的缠枝花图案,高贵华丽,殿内梁枋则绘制高等级的"龙凤和玺"彩画。殿内北侧圆形石台上的雕龙宝座安放皇天上帝神位,台座后有硬木所制的浮雕云龙屏风。神台东、西两侧尚有两座矮石台,台上安置配祭的皇帝祖先的木主。室内装饰华美,颜色鲜丽,充满雍容华贵之气。

北京

天坛祈年殿室内藻井

北京

祈年殿天花藻井大致与皇穹宇相同，但因祈年殿内部布柱两圈，中间四柱及外围十二根金柱所支承的屋檐高度不同而形成中间天花高、外环天花低的室内空间变化。祈年殿藻井由两层圆井组成，外层由十二根金柱上出挑的斗栱承托，斗栱间作出圆形井口天花，圆形井口天花中间留出一圆井，再由十二攒斗栱支承一组龙凤蟠结的龙井，与室内地面中央一块具有天然纹路的龙凤石上下呼应。全部斗栱、天花、梁枋皆为青绿彩画，仅龙井贴金，故在色彩上对比强烈，极为突出。

天坛祈年殿外檐斗栱及梁枋彩画

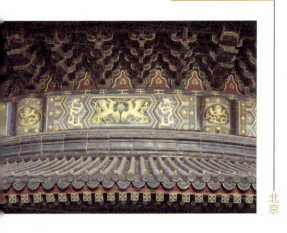

北京

祈年殿是祈谷坛正殿,为明、清两代祭天、祈谷、祈雨的所在地,因此其建筑与装修均十分考究,媲美深宫禁苑。祈年殿檐下梁枋为高等级的"龙凤和玺"彩画,全部沥粉贴金,仅次于北京故宫太和殿所使用的"金龙和玺"彩画,而与故宫后三殿的彩画同一级别。龙凤主题在大小额枋上的布局采交替方式,上下左右对换,隔间相闪,使规整严肃的主题产生许多变幻。这种寓变化于统一之中的艺术手法是中国传统建筑的一大特色。斗栱下网目为近代所加,具有保护作用,以免飞鸟及其他动物筑巢而破坏建筑。

天坛祈年殿槅扇窗

北京

祈年殿周身无高大墙壁,檐柱间都设置朱红色槅扇门、窗,槅扇加工精致,仅槅扇窗下有蓝色琉璃砖槛墙。门、窗棂格图案为三交六椀菱花式样,在朱红色的油饰之上以贴金的菱花和角叶装饰,更增添了建筑的华贵气氛。槅扇之上的额枋彩画以龙凤图案为主题,装饰华丽。鲜丽的槅扇门、窗及华美的彩画与青色屋顶的祈年殿相互辉映,形成醒目的对比,益增祈年殿华美的气质。

天坛皇乾殿

北京

皇乾殿居祈年殿北方,以祈谷坛北壝墙上的琉璃门兼作院门,是祈谷坛日常供养神位的处所。皇乾殿面阔五开间,蓝琉璃筒瓦庑殿顶,饰菱花槅扇门窗,和玺彩画,明间门额悬挂嘉靖御笔"皇乾殿"。原建于明成祖永乐十八年(公元1420年),明世宗嘉靖二十四年(公元1545年)重建。殿内正中有一方形石台,台上安置神龛,供皇天上帝神主,龛后有硬木雕制的九龙屏风。台西侧还有八个小型石台,为清代安设配祭的八代祖先神主神龛之处。

天坛斋宫正殿

北京

斋宫主要建筑的正殿、寝殿都是绿琉璃瓦顶,表示即使贵为皇帝,在皇天上帝面前也要称臣,不敢使用宫内建筑的黄琉璃瓦顶。正殿七间,为仿木构的砖石无梁殿结构,内部为筒券顶,殿内正中设宝座。斋宫并非经常使用,仅供皇帝祭天前在此斋戒、居住三天而已。清代雍正皇帝之后,皇帝为避免在天坛斋宫斋戒时的枯燥与对安全的恐惧,开始在宫城内另建一座内斋宫。祭天时在内斋宫持戒三天两夜,至第三夜子时才移居天坛斋宫,黎明时行祭礼后,即可回宫。

天坛斋宫入口

北京

斋宫是祭祀之前三天,皇帝在此住宿、沐浴、斋戒之处。斋戒包括不吃荤腥、不饮酒、不娱乐、不吊丧、不理刑名、不近后妃。斋宫建于明成祖永乐十八年(公元1420年),后经明世宗、清世宗、高宗、仁宗等朝重修,但形制未曾大变。斋宫坐西朝东,面积约4万平方米,呈正方形布局。外有一圈外壕,壕内岸四周建回廊163间,供守城兵士避风雨,回廊内为四方砖城,砖城内又有一道内壕和内围墙(名子城)。东、南、北三门各有门、桥与宫内相通。图为斋宫东侧入口大门。

日坛东侧棂星门

北京

日坛又名朝日坛,是祭祀太阳神(即大明之神)的地方,明世宗嘉靖九年(公元1530年)建。按日东月西的习惯,故将日坛布置在京城东郊朝阳门外,采用面阳而祭的方式,西侧辟入口,使祭者面阳行礼。中间设坛台,坛台周围设一圈圆形壝墙,周长76丈5尺,壝墙北、东、南三面各设一座汉白玉棂星门,正西则设三座汉白玉棂星门,以突出主要入口的方向性。在坛庙建筑中多采用十字对称轴线的坛台布置,四面构图相同,因此方向性多靠门坊位置及数量来强调。

地坛斋宫

北京

地坛又名方泽坛,位于北京城北安定门外,取天南地北之义。地坛建于明世宗嘉靖九年,为每年夏至日举行祭祀皇地祇神之处。坐南朝北,由方泽坛、南方的皇祇室(地祇神的寝宫)、西方的神厨、神库,以及西北角的斋宫组成。按"天圆地方"之说,方泽坛形制采用正方形,并以"六"或"六的倍数"构建其他建筑体,代表"地"。斋宫为皇帝斋戒之所,正殿七间,有高的石台基,前设五座踏步,两侧有配殿七间。庭院中植老松、古槐,气象肃然。

社稷坛五色土与拜殿

北京

明、清两代的社稷坛是帝王拜祭土地及五谷神之地，位于皇宫中轴线前方西侧，与太庙相对应，以符合"左祖右社"之古制。坛制以北为上，因此布局由北向南展开。图为坛台最南方的方形社稷坛上铺筑的五色土壤，依据五行之说，中为黄土，东为青土，南为赤土，西为白土，北为黑土，分别代表金、木、水、火、土五种物质，以及全国五方疆土，象征"普天之下，莫非王土"之意。图后方为社稷坛拜殿，民国后改称"中山堂"。

先农坛太岁殿

北京

先农坛居北京永定门内大街西侧，与天坛左右对峙。坛内实际包括两部分：一为祭祀农神的先农坛，一为祭祀太岁的太岁殿。太岁殿位于先农坛北半部，明世宗嘉靖八年建造，清高宗乾隆时重修。每年正月上旬吉日，致祭太岁之神于此殿。太岁原为一星辰名，有关之祭祀礼仪至元代才开始。太岁殿布局为正殿七间，乃祭神之所。东、西庑各十一间，东庑祭春、秋月将神六位，西庑祭夏、冬月将神六位，前有拜殿七间，中间围成一广阔的大庭院。清代以降，祭典即于正殿内举行。

孔庙大成殿

北京

大成门内古树参天,虬枝垂地,一条甬道直通大成殿。大成殿为清德宗光绪二十三年(公元1897年)改建而成,九开间重檐黄色琉璃瓦庑殿顶,殿内正中设木龛,龛内供奉孔子神位。在大成殿前甬道两侧有十一座纪功碑亭,东六西五,排列整齐,与曲阜孔庙中将碑亭排在大成门外的布置方式不同。大成殿丹陛西侧有一棵高大的柏树,名为"锄奸柏"。据传明代奸相严嵩代世宗前来孔庙祭孔时,路经此树,突然狂风四起,枝摇树动,掀掉了严嵩的乌纱帽,因而有此耐人寻味的称呼。

孔庙进士题名碑

北京

北京孔庙位于北京北城成贤街,是中国各地规模较大的孔庙之一。始建于元大德六年(公元1302年),明永乐、宣德、嘉靖,清雍正、乾隆、光绪历代扩建重修,始成今日规模。进士题名碑矗立于大成门前,收有元、明、清三代进士题名碑,共计196座,记载了三朝历代进士的姓名、籍贯及名次,是研究明、清科举制度极珍贵的档案资料。进士题名起源于唐代,当时篆刻于长安慈恩寺大雁塔下,故"雁塔题名"成为高中功名的代名词,北京孔庙的题名碑刻实为雁塔题名的延续。

国子监辟雍

北京

国子监始建于元代,清高宗乾隆四十九年(公元1784年)重修扩建,为元、明、清三代国家的最高学府,位于北京北城成贤街孔庙西侧。辟雍建于乾隆四十九年,面阔三间,四周设回廊,重檐攒尖顶。四面无墙,装槅扇门,皇帝讲学时,四周门扇卸除,通畅四达。辟雍建于一圆形水池之中,四面有石桥通达,池周及墙上皆为汉白玉石栏杆。古籍中记载,西周天子在郊外设太学,四周环筑水池,状如玉璧,故称辟雍,故其形状采用圆方相套的构图。辟雍两侧有联庑的配房33间,为生员读书的课堂,各有其名,合称六堂。

北岳庙御香亭

河北曲阳县

北魏之后到清顺治初年，北岳庙是历代帝王祭祀北岳真君之处。清顺治十七年(公元1660年)后祭祀北岳仪式改在山西浑源州举行，此庙遂废。御香亭居北岳庙神门(朝岳门)以北，又称天一亭、敬一亭，居于中轴线上，后接凌霄门。外观为八角形三层檐的亭阁式建筑，体量庞大，成为北岳庙前区的主体。这种将特异形体建筑安排在轴线上，以打破轴线的单调空间是坛庙建筑常用的手法，南岳庙御碑亭、关帝庙御书楼也是此类方式的应用。

岳庙德宁殿石栏杆

河北曲阳县

德宁殿是北岳庙主殿,面阔九间,进深六间,重檐庑殿顶,绿琉璃瓦剪边屋面,建于高2.5米的台基上。建于元世祖至元七年(公元1270年),是现存元代最大的木结构建筑。整座殿堂形体宏大,出檐舒展,具有明显的元代官式建筑风格,是研究元代建筑的重要标本。而在斗栱、大花、藻井、阑额、包袱等处尚残留元代彩画,彩画中有不少图案,可说明深受道教影响。台基四周设汉白玉栏杆,栏杆望柱头为石狮雕刻,形式各异,为元代遗作,与卢沟桥石望柱的金代石狮雕刻属同一构思,可能均为曲阳石刻匠师所作。

孔庙万仞宫墙

山东曲阜

曲阜孔庙是中国各地孔庙中规模最大者,建立时间亦最早,历代祭孔大典均在此举行。自鲁哀公十七年(公元前478年)在孔子逝后将其三间旧居改作庙堂算起,曲阜孔庙至今已有2500年的历史。后汉时改由政府直接管理,宋太宗太平兴国八年(公元983年)进行一次大规模改建,后经金、明时期的改建,形成今日规模。图为明、清曲阜城南门瓮城城门,以之为孔庙入口,表明孔庙是除帝王宫殿之外规格等级最高的建筑,以表示对孔子的景仰与尊敬。

孔庙万仞宫墙与仰圣门

山东曲阜

曲阜孔庙建制模仿帝王宫殿，应用了城墙、角楼、黄琉璃瓦、重檐庑殿顶、石柱、云龙浮雕等皇家体制，以类比人间帝王，表示后人对至圣文宣王孔子的景仰与尊敬。孔子的弟子子贡曾说："夫子之墙数仞"，后又改为"万仞"，均极言孔子哲学思想高奥精妙，因此以"万仞宫墙"之名称呼曲阜孔庙的外大门。万仞宫墙仿一般城墙，设厚实的墙体，其上并有雉堞，墙厚两层，入门后即可见高耸的仰圣门，是进曲阜孔庙的外围关口。

曲阜孔庙总平面图与圣时门立面图

孔庙是在曲阜阙里孔子故里基础上扩建的纪念孔子的庙堂。自东汉桓帝立庙以来，经历代扩建重修，形成南北长达630米的巨大庙宇，其制度可比拟帝王宫殿，在礼制建筑中是极为特殊的实例。孔庙占地约10公顷，南北长600米，东西宽145米，前后有八进庭院，殿、堂、廊、庑等建筑共620余间。前三进是遍植柏树的庭园，第四进为奎文阁建筑组，第五进为碑亭院，第六、七进为孔庙主要建筑区，第八进为后院。

孔庙前三进为引导部分，布置有金声玉振牌坊、石桥、棂星门、圣时门、弘道门和大中门，这是孔庙的前奏。自大中门入内，经同文门，为一座两层楼阁——奎文阁，是孔庙的藏书楼。奎文阁至大成门之间为碑亭院落。碑亭共13座，皆重檐高阁，形体宏大，金、元各二座，余为明清所建。进入大成门即为孔庙的主要建筑区，包括大成殿、寝殿、圣迹殿以及两侧的东庑、西庑等。大成殿是供奉孔子的大殿，殿前露台宽阔，为祭祀时舞乐之处。殿前建有"杏坛"亭，是孔子讲学的所在，周围保留了年代久远的柏树，环境宁静肃穆。

圣时门是孔庙的大门，为一座砖身木构屋顶的建筑，明弘治以前是一座三开间的门屋，弘治时改为五间，退后二丈，两侧添了八字墙。门屋上引人注目的是梢间瓜栱与万栱特长，而明间、次间的瓜栱与万栱又特短。因此，梢间与次间之间柱头科的栱就出现一边长一边短的奇特现象。

曲阜孔庙总平面图

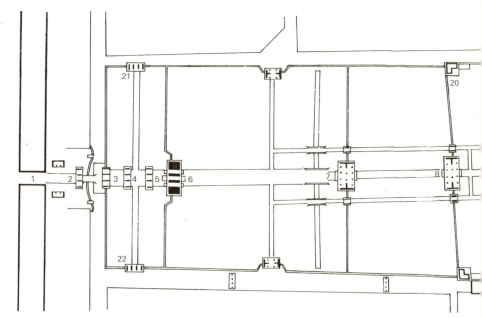

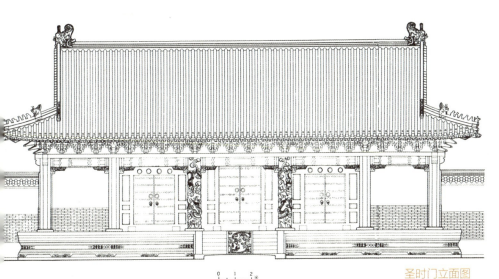

圣时门立面图

1.曲阜县城南门 2.金声玉振坊 3.棂星门 4.太和元气坊 5.至圣庙坊 6.圣时门 7.弘道门 8.大中门 9.同文门 10.奎文阁 11.大成门 12.杏坛 13.大成殿 14.寝殿 15.圣迹殿 16.神厨 17.启圣殿 18.金丝堂 19.斋宫 20.角楼 21.道冠古今坊 22.德侔天地坊 23.驻跸 24.诗礼堂 25.崇圣祠 26.家庙 27.神庖 28.历代碑亭 29.孔子故宅

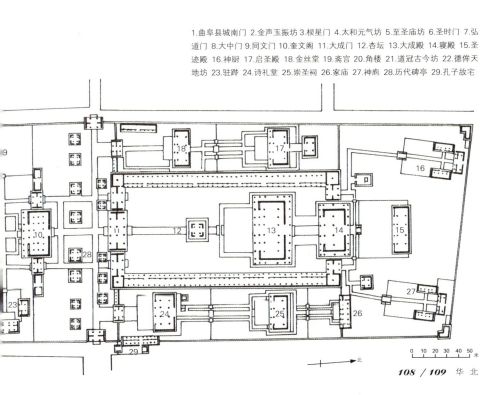

孔庙
道冠古今坊

山东曲阜

　　前三坊（金声玉振坊、棂星门、太和元气坊）与至圣庙坊之间有一横长庭院，遍植松柏，庭院东、西两侧又树立了"德侔天地"及"道冠古今"两座木制牌坊，形成一个由牌坊群所围合的建筑空间，成为孔庙建筑群的特色之一。道冠古今坊为三间四柱五楼式建筑，覆黄琉璃瓦单檐歇山顶，中门为庑殿顶，檐下斗栱层层出昂，造型精巧。门柱下四只夹杆石兽造型各异，形体瘦长，生动自然。坊庙建筑属于非生活使用的纪念性建筑，因此"旌表性"的牌坊在此得到广泛的应用。

孔庙下马碑

山东曲阜

曲阜孔庙棂星门东、西两侧墙外各设立一座"下马碑",以楷书撰写"官员人等至此下马"八个朱色大字,以警示前来此地祭孔官员至此下马,徒步进入至圣庙堂,也以此提高孔子的尊贵,并表示对至圣先师的无限景仰。历代在各地孔庙门前均设置下马碑,有提升孔庙地位之作用。曲阜孔庙下马碑碑文朴实,与其后雕饰精美的琉璃瓦矮墙相比,自有其庄重典雅的气息。

孔庙金声玉振坊与棂星门

圣时门是曲阜孔庙真正大门,其前设立四座牌坊,由南而北依次为金声玉振坊、棂星门、太和元气坊与至圣庙坊,太和元气坊左、右并有德侔天地与道冠古今二坊,形成一个以牌坊为主体的庭院。金声玉振石坊建于明世宗嘉靖十七年,造型古朴。棂星门是明武宗正德年间移城卫庙后,由照壁改建而成,其下三门设木门。透过木门可见建于明世宗嘉靖二十三年的太和元气石坊。各坊尺度低矮、形式简朴,使榜额居于突出地位,并可凸显其后各进院落地位之崇高。

孔庙弘道门与璧水桥

弘道门是曲阜孔庙二门,门前有璧水河(又名泮河)横亘,河上架三座石拱桥,门前东、西并辟有快睹、仰高二门。弘道门庭院遍植松柏,不设其他建筑物,院子略呈方形。进谒者经过大门后,穿过长约130米,两旁古柏森郁的甬道后,走到璧水桥前,才能从浓荫蔽日的树丛间看到这座门,形成庙前肃穆安静的气氛。在庙内开河架桥,使环境多变而富有生气,是一种极巧妙的手法,但作为泮池,这种长河的形式与一般文庙的处理方式截然不同,形成另一种幽深的趣味。

孔庙同文门内望

山东曲阜

曲阜孔庙的布局乃遵循古代纵深建筑布局形制来安排各座殿堂,形成长达650米的中轴线。大成门以南建筑为前导部分,大成门及其北的杏坛、大成殿、寝殿、圣迹殿为主体建筑。同文门居大中门以北,原名参同门,清雍正八年奉钦命而改,是大中门与奎文阁间的桥梁。同文门及其左、右两侧分别是存放历代碑碣及孔子五代祖、孔子双亲、孔子中兴祖、两庑先贤先儒祭仪彩排处,在祭祀中具有重要作用。透过同文门,可见其后的奎文阁。

孔庙奎文阁

山东曲阜

奎文阁建于明孝宗弘治十七年(公元1504年),面阔七间,进深五间,两层三檐。内部有一夹层,上层有一圈平坐,可登高远眺。黄琉璃瓦歇山顶,下层檐柱俱以石柱支承。奎文阁原是孔庙的藏书楼,楼上藏书,楼下的广阔室内空间仅立清代碑碣十通,原是明代作为祀典演习礼仪之地。奎文阁的木结构体系亦具有历史价值,其下层为独立构架,暗层(平坐层)与上层的柱子应用通柱,长逾11米,均以整根楠木制作。上、下层柱位相对,中间以斗栱相承托联络,反映出结构体系逐渐演化的历史趋向。

孔庙御碑亭群

山东曲阜

在曲阜孔庙奎文阁与大成门之间的庭院内,设有十三座碑亭,多为清代康熙至乾隆时所建。所有碑亭外形基本雷同,均为正方形平面的重檐歇山单层亭子,但内部结构因建筑时代不同而各有差异。从最早的两座金代碑亭来看,原布局是在大成门外左、右对峙的两座碑亭,有烘托主体的陪衬作用。但后续建成的十一座碑亭则完全充塞在狭长的庭院中,对孔庙的总体构图反而有破坏作用,使空间壅塞,减弱了主体建筑的艺术作用。这种续建碑亭的副作用在北京孔庙中也有所见。

孔庙金代碑亭

山东曲阜

曲阜孔庙十三座碑亭分前、后两行排列于中轴线两侧，一至五号碑亭居北，六至十三号碑亭在南，其中有两座金代建筑，两座建于元代，八、十一号碑亭为金代建筑，建于金明昌六年(公元1195年)，是中国现存少数金代建筑之实例。下檐为单抄单昂五铺作斗栱，上檐为单抄双昂六铺作斗栱，上、下檐斗栱皆使用真昂，尚具有唐、宋的建筑特点。且在上层屋顶结构中，已开始使用抹角檩，与唐、宋的顺梁做法不同，这些都是该亭在结构上的历史意义。

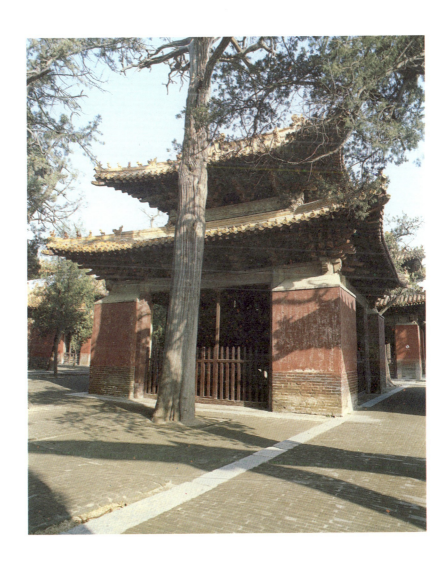

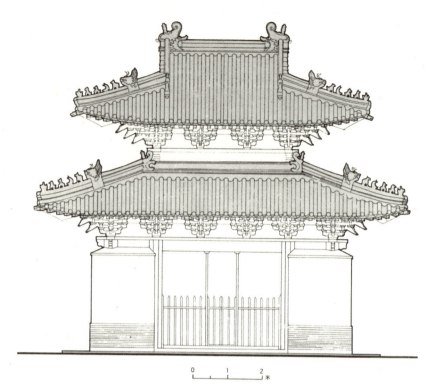

碑亭十一立面图

曲阜孔庙碑亭十一平面·立面·剖面图

　　碑亭十一位于大成门前院,建于金明昌六年(公元1195年),是金代遗构。其平面三间见方,明间开敞,次间砌墙,重檐歇山顶,黄琉璃瓦。

　　碑亭十一的檐柱用石,八角形,石面素平,内柱用木。下檐用五铺作,一抄一昂,外跳计心,里跳偷心,下昂后尾置于串枋上,上施重交丁华抹颏栱,重栱上托承椽枋。上檐斗栱为六铺作,一抄二昂,里跳减一抄,里外俱重栱计心造,转角铺作的斜昂和相邻两补间铺作的下昂后尾都压在抹角栿之下,角上这三昂的后尾长短不一,未作调整截割,属"草架"做法,推测原来设有天花,现在二亭上檐平棋枋上都留有支条缺口,可以作为此推想的佐证。碑亭上下檐心间补间铺作二朵,栱的断面为9.5厘米×15厘米,约略相等于宋《营造法式》八等材。屋盖举高2米,前后撩风槫相距6.66米,二者比值为1∶3.33,屋面坡度比宋《营造法式》殿阁略显平缓。

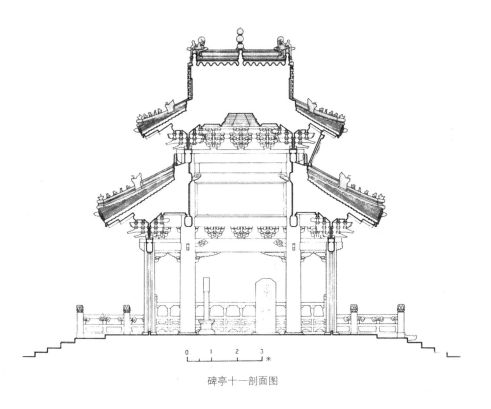

碑亭十一剖面图

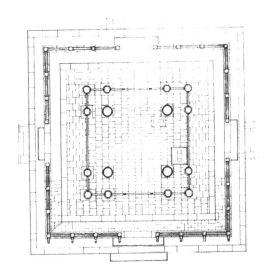

碑亭十一平面图

孔庙杏坛

山东曲阜

杏坛居于曲阜孔庙大成门与大成殿间的庭院中,相传为孔子旧宅教授堂,汉、唐迄于北宋,此地曾作为孔庙的正殿。北宋乾兴元年(公元1022年)扩建孔庙,将大殿移至北部,而在原址平整后重建一坛,环种杏树,名为杏坛。至金章宗明昌年间,在坛上加建一座单檐歇山亭子,明代以后,改建为碑亭形式。杏坛平面呈方形,每面三间,金柱及四角檐柱用木,其余檐柱用石。清雍正二年(公元1724年)孔庙大火时此亭避过一劫,因此基本上尚保存明末的原貌。

孔庙大成殿前檐石柱

山东曲阜

大成殿前檐十根石龙柱是曲阜孔庙大成殿建筑的突出特点。所用石材为曲阜近郊所产的石灰石,柱高6.1米,直径约85厘米。每根柱上雕升龙、降龙各一条,相对争戏火珠,龙身周围匀布云朵,下部刻作海水山峦,如二龙飞翔在海天之中。十柱云龙雕刻手法基本相同、构图则东、西两边石柱两两相对,作反方向布置。龙身图案深雕起突,在阳光照射下,形态突出,不论远观近赏都产生极具活力的艺术效果,并为颜庙、孟庙所模仿。

孔庙大成殿

大成殿为孔庙正殿,其名取自《孟子·万章》"孔子之谓集大成",以表彰孔子学问为集先圣各种圣德而成。现存正殿为清雍正八年(公元1730年)重建,面阔九开间,进深十二檩,带周围廊,重檐歇山黄琉璃瓦顶。前檐柱为深雕云龙石柱,后檐柱为八角形平钑浅雕云龙纹石柱。殿前有宽广月台,主要是供祭孔大典时安排乐舞之用,月台上排列祭孔大典所使用的三牲台及各种用具。明宪宗成化年间提高尊孔规格,祭孔时使用天子之祭的八佾舞,计舞者64个,加上配乐之人,组成一个庞大的乐舞队伍。

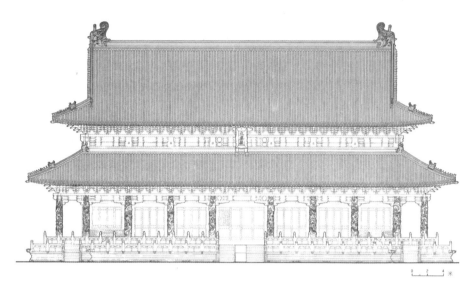

大成殿正立面图

大成殿次间龙柱图样

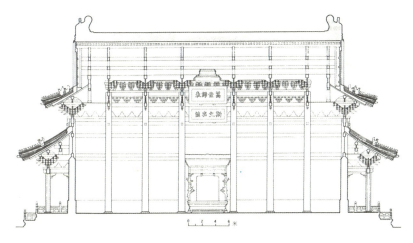

大成殿纵剖面图

曲阜孔庙大成殿平面·正立面·纵剖面图与次间龙柱图样

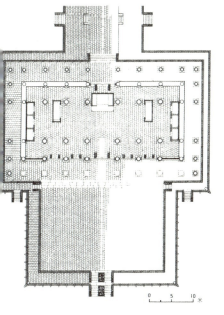

大成殿平面图

曲阜孔庙大成殿始建于宋天禧元年（公元1017年），明重建，清雍正二年（公元1724年）再建成现状。大成殿是供奉孔子的大殿，正中供祀孔子像，两侧配祀颜回、曾参、孟轲等十二哲像。

大成殿面宽九间，进深五间，重檐歇山顶，覆黄色琉璃瓦。殿建在两层石砌高台上，规制相当于故宫保和殿。殿内地面至正脊上皮24.8米，面阔45.78米，进深24.89米。殿的外檐柱都用石料琢成，为明代遗物。正面10根石柱刻有蟠龙，上下两龙对翔戏珠。柱脚一周刻假山石图样，山石下刻莲瓣一周。再下为柱础皆刻重层宝装覆莲，所有雕刻意态浑朴。殿内柱用楠木；天花错金装龙；彩画五色间金，富丽堂皇；中央藻井蟠龙含珠，如太和殿形制。

前檐10根石龙柱是曲阜孔庙大成殿建筑的突出特点。柱用曲阜城郊山中所产石灰石作成，每柱雕升龙和降龙各一条，作对翔争战火珠之状，龙身周围匀布朵云作填充，在下端刻作海水山峦以象二龙腾海而起飞翔于空中。柱高6.1米，径约0.85米。十柱云龙雕刻手法基本相同，而构图则东西两边之柱两两相对，作相反方向布置，云龙突起约8～10厘米，不论远观近看，效果都很好，使大成殿显得华美壮丽。

除正面石柱刻突雕二龙外，山面及后檐八角石柱，均遍镌减地平钑小幅云龙。由于减地极小（约深1毫米）；几乎是单线平刻，图案效果很不明显，云龙形象也甚粗劣。

大成殿的内部空间是三级长方形台阶状，系由三圈不同高度的柱子支承天花而成，和宋《营造法式》的"金箱斗底槽"相似，三层大木离地的高度分别是：周廊7.93米，外槽15米，内槽18.17米。殿中作斗八藻井一座，明间门前及门内地面各敷长达4.5米的拜石一块，产生加强神位、引导瞻谒视线的作用。

孔庙大成殿内孔子神龛与匾额

山东曲阜

神龛全为木制,即宋《营造法式》中所称的"佛道帐",是属于小木作工艺范围内的技术。神龛及塑像随着宗教建筑中偶像崇拜的发展而兴盛,早期神龛多采用该时代的屋宇形制,也就是一座建筑模型,但体积随比例缩小。后引入家具橱柜的造型及垂花门的形式特点,逐渐形成独有的龛橱形式。大成殿孔子神龛中采用大量雕饰及龙的图案,并饰以贴金彩绘,是一种等级较高的设计。神龛前设笾豆、案俎、香案及钟、鼓、琴、瑟等古乐器,形成礼制建筑特有的气质。神龛上则高悬"万世师表"等金边匾额。

孔庙大成殿内天花与匾额

山东曲阜

大成殿的内部空间是三级长方形台阶状,系由三圈不同高度的柱子支承天花而成。天花全部为海墁井口天花,饰青绿彩画,与殿内各种朱红色油饰的家具、陈设、龛橱形成强烈的对比。为了加强内檐的敬穆气氛,围绕天花周围悬挂了历代帝王御书的匾额十余方,全为金边金字扫青地的巨匾。大化在当心间中间设计了一个贴金龙斗八藻井,由斗栱支托,抹角套方的井口梁组成,中央饰盘龙,与皇宫殿堂中的金龙藻井相似。

孔庙角楼

曲阜孔庙系仿帝王宫殿建筑而成，四周设城墙，并于大中门东、西两侧及北墙转角处设置四座角楼，以象防卫。角楼始建于元至元二年(公元1336年)，清圣祖康熙二年(公元1664年)重修。角楼平面呈曲尺形，每面见二间，共三间，立于高台之上，另辟有坡道以供上下。单檐歇山顶，以绿琉璃瓦铺盖；室内不设天花，木构架为五檩二柱通檐式。曲阜孔庙角楼造型特殊，装修简朴，更可表现至圣先师孔子的素朴典文。

山东曲阜

颜庙复圣庙坊

山东曲阜

颜庙又称复圣庙,位于曲阜县城内,距孔庙仅数百米。颜回是孔子最得意的弟子,历来尊其为四配之首。金代之后即已为之建庙祭享,现有堂屋为元泰定三年(公元1326年)在曲阜城陋巷故址所兴建。庙前共设四坊,均为褒扬性的小品建筑。南为"陋巷"坊,意为颜回故宅所在地;"卓冠贤科"、"优入圣域"二坊是表彰其高尚的德行,分立于东、西;"复圣庙"坊居北,为颜庙榜额,建于明武宗正德二年(公元1507年),为三间四柱冲天式石坊,形象简朴,稳重大方,代表了明代石坊的主要风格特色。

孟庙石坊

山东邹城

孟庙是纪念孟子的祠庙,又称亚圣殿,建筑沿中轴线排列,以棂星门居首。进入棂星门后,即为"亚圣殿"石坊。此坊在明代称棂星门,为孟庙大门,后将前部的三座牌坊添置围院,形成院落后,而将棂星门之名移至前部牌坊。现存亚圣庙石坊为三间四柱冲天式,柱顶装饰古瓶,八角形柱身插饰云板八角形。明间大小额枋间板刻"亚圣庙",左右间镌平钑游龙纹饰,整体造型简洁大方。石坊左侧有明神宗万历九年(公元1581年)"邹国亚圣公庙"石牌,证明此石坊原为孟庙大门。

颜庙复圣殿
(左页下)

山东曲阜

复圣殿为颜庙正殿,殿屋七间,重檐歇山顶,绿色琉璃瓦屋面,较孔庙大成殿的建筑规格降低一级。殿内结构采用中柱分心槽式,类似一般的门宇结构,是特殊的实例。复圣殿前檐八根石柱皆有雕刻,且手法各异。中间四根为圆形,柱身雕饰降龙一条绕柱而下,周围以云朵填之,均采高浮雕式,形象突出。再次间两根为八角石柱,每面以减地平钑法刻升、降龙两条,线条流畅。最边内根亦为八角石柱,亦采平钑雕法,刻有牡丹、凤凰、石榴、西蕃莲、荷花等图案。八根石柱各有不同,中心突出,烘托出中轴对称的构图,设计极为巧妙。

孟庙亚圣殿

山东邹城

　　孟庙的建筑始于宋代，历代屡修，并曾三次迁移庙址，现有的亚圣庙位于邹县旧城南门外。由亚圣庙坊北行，过仪门、承圣门后即达主殿亚圣殿。为重檐歇山绿琉璃瓦的大殿堂，面阔七开间，前设露台。檐柱俱用八角形石柱，上下檐悉为七踩斗栱，但布置稀疏，每间的补间斗栱仅有两攒，尚存有古代建筑风格。殿内普设天花，室内柱有八根下部设宝装莲瓣柱顶石，莲瓣线条圆和，饱满有力，与宋代风格相近，可能是北宋时孟庙的遗物。

岱庙岱庙坊与正阳门

"岱"是泰山的别称,因此将东岳庙称为岱庙,是泰山规模最大、布局最完整的建筑群,也是历代帝王举行封禅大典和祭祀泰山神之处。岱庙坊居于遥参亭与岱庙大院间,为石构牌坊,建于清圣祖康熙十一年(公元1672年)。坊通高12米,宽9.8米,通体满布雕饰,栩栩如生,其中丹凤朝阳、双龙戏珠、麒麟送宝、喜鹊登梅等均极生动,堪称清代石坊建筑之精品。其后方的正阳门是进入岱庙的入口。

山东泰安

岱庙天贶殿

山东泰安

在岱庙中轴线上,前后有配天门、仁安门、天贶殿、寝宫等四大建筑,以天贶殿为主体建筑。天贶殿建于宋真宗大中祥符二年(公元1009年),面阔九间,宽48.7米,进深19.79米,饰重檐庑殿黄琉璃瓦顶,殿高22.3米。大殿前方分建六角攒尖碑亭一对,作为天贶殿的陪衬。天贶殿是祭祀东岳泰山之神的殿堂,历代有72位皇帝在此举行隆重典仪,为泰山之神封禅加冕。天贶殿及碑亭建于宽大的双层品字形汉白玉石台上,更显巍然壮观。

岱庙天贶殿内壁画

天贶殿是岱庙的主体建筑,为历代帝王封禅泰山之处。宋时初建,明代改称峻极殿,后恢复原名。殿内墙壁彩绘东岳泰山神出巡壁画,总名《启跸回銮图》。壁画总长62米,高3.3米,东部为启跸,西部为回銮。以出巡仪仗人物为主,珍禽异兽间之,并绘山川、树木、楼阁亭台以为衬托。气势磅礴,布局严谨,笔法细腻流畅。不仅人物神情生动,周遭景物亦栩栩如生,如图下方之八字石桥,雕刻细致,栏板上饰仰覆莲,造型极为精巧。

中岳庙天中阁

河南登封

中岳庙位于太室山之南的黄盖峰下,为五岳庙之一,是祭祀中岳山神的坛庙。历代迭有修缮,现存庙堂为清高宗乾隆时大规模修葺后所形成。天中阁又名黄中楼,明世宗嘉靖四十一年(公元1562年)改建为阁,清代重修,是中岳庙的南大门。此建筑模仿皇宫正门的形制,下为高7米的城台,中间开设三个门洞,正中门额上书"中岳庙",城台上建五开间带周围廊的重檐歇山绿琉璃瓦顶建筑。在五岳庙的门制上,当数此门最为雄伟。

中岳庙峻极殿

河南登封

　　峻极殿即中岳大殿，是中岳庙的主体建筑。面阔九间，进深五间，重檐庑殿顶，黄色琉璃瓦屋面，梁枋、斗栱等木构架均油饰以最尊贵的和玺彩画，为清代官式建筑中的最高等级。峻极殿坐落在高大的台基上，前设宽广月台，台前出三阶，并以汉白玉石栏杆环绕。外檐下悬有多方清代匾额，包含咸丰御书之"佑镇灵威"。内檐当心间尚保留一组盘龙藻井，斗栱层叠，八方穿斗，盘龙居于中心，是一组极具艺术价值的小木作制品。

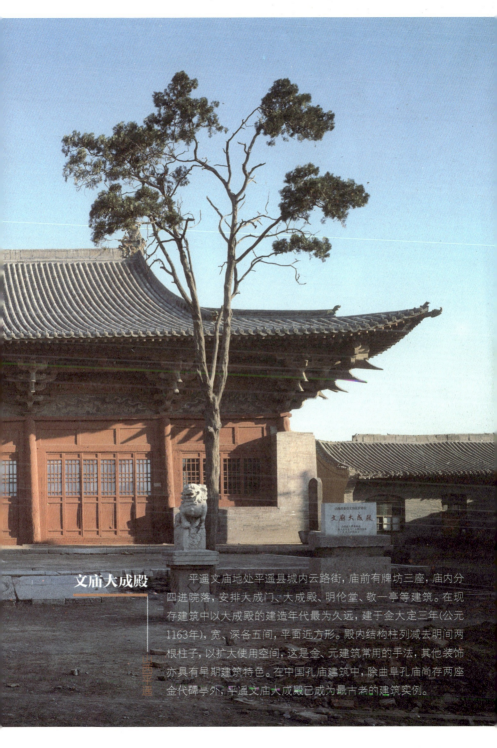

文庙大成殿

平遥文庙地处平遥县城内云路街,庙前有牌坊三座,庙内分四进院落,安排大成门、大成殿、明伦堂、敬一亭等建筑。在现存建筑中以大成殿的建造年代最为久远,建于金大定三年(公元1163年),宽、深各五间,平面近方形。殿内结构柱列减去明间两根柱子,以扩大使用空间,这是金、元建筑常用的手法,其他装饰亦具有早期建筑特色。在中国孔庙建筑中,除曲阜孔庙尚存两座金代碑亭外,平遥文庙大成殿已成为最古老的建筑实例。

关帝庙钟楼

山西运城

关帝庙位于运城县的解州镇，相传关羽为解州常平村人，因此在这里修筑了中国规模最大的关帝庙。建筑仿宫殿式布局，对称严谨，轴线分明，殿阁巍峨，气象宏大。雉门实际上是关帝庙的入口，但为了创造出庄严的气氛，在雉门之前建了端门，并于两门东、西方分置钟、鼓二楼，以城墙相互围合，形成门前封闭空间。钟、鼓二楼形式相同，都建于砖砌城台之上，下开单拱券门。二者均为木结构的重檐歇山顶楼阁式建筑，形式类似城门。像这种将钟鼓楼置于门殿之外的布局实为少见。

关帝庙崇宁殿外檐及石柱

山西运城

崇宁殿是关帝庙主殿,外观为重檐歇山顶,面阔五间带周围廊的大殿堂。周围26根檐柱全为雕刻石柱,柱身雕以蟠龙,龙身盘曲,龙爪奋张,云朵飘浮,其构思完全模仿曲阜孔庙大成殿外檐龙柱的石刻,以示文、武二庙规格等级并列之意。檐下雀替雕饰精美,每攒斗栱之上并有龙首木雕,生动灵活,有出跃之象。殿内有关羽塑像,上悬清圣祖康熙御书匾额"义炳乾坤"。殿外檐下则悬乾隆御书"神勇"匾及咸丰御书"万世人极"匾,说明历代帝王对供奉武圣的重视。

晋祠圣母殿

山西太原

晋祠始建于北魏,为纪念周武王次子叔虞而建,因叔虞封国称唐,故称唐叔虞祠,又因在晋水之源,亦称晋祠。圣母殿是晋祠主殿,居晋祠后部。建于北宋天圣年间(公元1023—1031),是纪念叔虞生母邑姜的祠庙。面阔七间,进深六间,重檐歇山顶,四周建围廊。圣母殿斗栱用材较大,补间铺作仅一朵,角柱生起侧脚明显,屋顶翘曲柔和,此均为唐、宋建筑特色。前檐八根檐柱皆以木制盘龙缠绕,气象生动,亦为难得实例。

关帝庙御书楼
(左页)

山西运城

解州关帝庙肇建于隋初,宋、明、清多次重修,现存建筑为清圣祖康熙四十一年(公元1702年)火灾以后重建之模规,建筑宏伟,气象万千。在进入雉门、午门之后,穿过"山海钟灵"木牌坊,即达御书楼。御书楼原名八卦楼,后因纪念康熙御赐匾额"义炳乾坤"而改称御书楼。长方形平面,两层三檐歇山顶,前后出抱厦。其结构是清代通用做法,即用通柱连接上下层。礼制建筑及道教建筑中常在中轴线上布置楼阁,打破层层重叠的殿堂建筑空间,以追求变化,御书楼即为一例。

晋祠总平面图 1.同乐亭 2.三圣祠 3.公输子祠 4.难老泉 5.鱼沼 6.金人台 7.读书台 8.朝阳洞 9.待凤轩 10.善利泉 11.松水亭 12.关帝庙 13.东岳庙 14.文昌宫

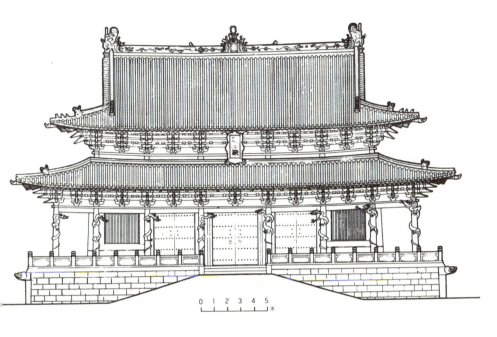

圣母殿立面图

山西太原晋祠总平面图与圣母殿立面图

晋祠圣母庙位于山西省太原市，是一组带有园林风味的祠庙建筑。沿着主要部分的纵轴线上，建石桥、铁狮子、金人台、献殿、飞梁、圣母殿等。

圣母殿重建于北宋天圣年间(公元1023—1032年)，东向，面阔七间，进深六间，重檐歇山顶，四周施围廊，即为《营造法式》所谓"副阶周匝"形式的实例，所不同的前廊深两间，而殿内无柱，使用通长三间(六架椽)的长栿承载上部梁架荷重，此殿斗栱用材较大，室内采用彻上露明造，显得内部甚为高敞。殿内有40尊侍女塑像，神态各异，是宋塑中的精品。在外观上此殿角柱生颇为显著，而上檐柱尤甚，使整座建筑具有柔和的外形，与唐代建筑雄朴的风格不同。

飞梁是圣母殿前方形的鱼沼上一座平面十字形的桥，四向通到对岸。对于圣母殿，又起到殿前平台的作用，是巧妙利用地形的设计手法。桥下立于水中的石柱和柱上的斗栱、梁木都还是宋朝原造。

献殿位于飞梁前，于金大定八年(公元1168年)重建，面阔三间，单檐歇山顶，造型轻巧，在风格上与主楼建筑圣母殿取得和谐一致的效果。

西岳庙石牌坊

陕西华阴

西岳庙是五大岳庙之一，北魏时代即开始建造岳庙。现存建筑大部分为明、清所建，尤以金城门与灝灵殿最为宏伟。庙内遗存许多历史碑石，图中位于五门楼与金城门的石牌坊亦为珍品之一。石坊为三间四柱五楼式，其上五座顶楼呈山字形排列，中央高而两侧低下，与一般牌楼造型不同，具更强的轴线对称。上下额枋及挂落板皆满饰雕刻，上枋为仙人站列，下枋为走兽游动，挂落板为云朵飞浮，构图各异，深浅不同，极具装饰效果。整座石牌坊可称为一件珍贵的雕刻品。

汉太史公祠 司马迁墓冢

陕西韩城

汉太史公祠建于龙亭原半岭之上,依地形而建,坐西面东,自山坡拾级而上,经四个台地后始能到达庙院。祠庙东眺黄河,西枕梁山,北为陡壁,南为深壑,气势雄伟,为韩城胜地。墓冢居第四台地庙院寝殿之后,传为司马迁的衣冠冢。墓冢为圆筒形,腰衬以砖雕,全部为青砖砌制,冢顶并有老树一株,古意盎然。中国古代祠墓合一的实例不少,汉墓多建有祠堂,成都武侯祠中刘备殿堂即建有刘备墓。祠墓合一的布局可以增强祭祀建筑庄严肃穆的气氛。

孔庙仰高牌坊

上海嘉定

嘉定孔庙始建于南宋宁宗嘉定十二年(公元1219年),历经元、明、清多次扩建,形成今日规模。仰高牌坊位居庙前,是孔庙入口,牌坊内有一小广场,左、右分设兴贤、育才两座牌坊,形成三坊围合的空间。仰高牌坊为四柱三楼石柱木梁式,是江南一带常用的牌坊形式。四方形柱身做出小抹角,以加强立面的浑厚感。青瓦屋面、赭红色油饰,色调简朴,具有江南风格。尤其是坊前一对石狮,巨头、细身,作回首状,舞球嬉戏,更是江南石刻的典型特色。

史公祠史可法墓

江苏扬州

史公祠地处扬州市广储门外梅花岭右方,是纪念明末抗清大将史可法的祠堂。明末清人入关后,史可法死守扬州殉国,后因未找到遗体,养子史德威遂将其穿戴过的衣冠葬于此地,后人又在墓侧建立祠堂,形成祠墓并列布局。墓门入内为享堂,堂前有银杏两株。堂后为墓冢,墓前立砖牌坊一座,上嵌隶书"史忠正公墓"石刻,造型简朴凝重。牌坊两旁有短墙围绕,周植梅花及松柏。墓侧尚有梅花岭、遗墨厅等古迹。

史公祠祠堂

江苏扬州

　　史公祠为祠墓并列之建筑,东侧为墓,西侧设祠。祠堂为面阔三间的地方形式厅屋,但外观上有所变化。屋顶为歇山式,但明间屋顶升高冲出屋面,另覆一歇山屋顶,形成屋檐叠落、翼角齐飞的立面构图,是简单中求变化的良好方法。祠内还有桂花厅、牡丹阁、芍药亭等建筑,成一完整格局。史公祠围墙北面有一大土冈,称古梅花岭,是史可法抗清泣血誓师处。公元1979年8月修复时,墓坑内未发现人骨残迹,仅有玉带20片,确证为衣冠冢。

范公祠前厅

江苏苏州

范公祠位于苏州天平山下白云禅寺右方,是奉祀宋代杰出政治家、文学家范仲淹的祠堂。现存范公祠在范氏祖茔附近,山青水秀,景致优美。祠堂规制较小,仅有祠门、庭院及水池,以及三间前厅。由大门北望范公祠,前厅面阔三间,硬山顶。厅前有一方形水池,四周围以石栏,池上架设拱桥。院中的水池和祠堂门外的大水池相互呼应,湖光倒影,摇曳生辉,在简朴的建筑环境中增加不少动感,是范公祠建筑群成功的设计手法。

**贝家祠堂
祠堂外观**

江苏苏州

　　贝家祠堂紧靠狮子林而建,现有院落两进,为一小型祠堂。进大门后即为祠堂院落,正堂三间,硬山式,带前后廊,周围在廊庑处将大门与正堂联为一院。但为显示气派,东、西廊庑皆有凸出的装修与踏步,象征两侧厢房,有如四面围合的四合院。祠堂门窗、栏杆、挂落等装修细致,表现出苏州工匠的高度水准。檐下为装饰性的斗栱,多用凤头昂出挑,栱垫板用花卉图案镂空成花板。额枋下部挂落板亦有新意,其下部的轮廓线作成曲线型,中间下垂呈如意头形式。

包公祠大门

安徽合肥

　　包公祠祀宋代清廉官员包拯,建于合肥包河岛上。明孝宗弘治年间始建,现存建筑为清德宗光绪八年(公元1882年)重建。祠堂规模不大,仅一进院落,风格简单朴素。正面为一堵山门,白粉涂壁,毫无雕饰。入口处为一石框门洞,上嵌竖额"包肃孝公祠",其下有左、右对立的两石狮。墙的两端又各开一拱形门洞,与院内两厢房的背面外廊相通。外观简洁无华,一尘不染,暗示包拯廉洁、刚正的品德。

宝纶阁檐廊装修

安徽歙县

宝纶阁是罗氏家祠后堂，位于歙县呈坎村。宝纶阁面阔十一间，是中国祠堂中的孤例。阁前檐均为方形石柱，比例细长，四角出海棠纹，柱身每面作成凹曲线，益显挺拔修长。梁枋用料硕大，其上的瓜柱及雀替等小构件进行精细的镂刻。这几种异常的造型特色结合在一起产生强烈的对比效果，这也是皖南一带祠堂建筑的通常特色。上下梁枋均进行彩绘，彩画图案用包袱式构图，色彩以红、白、黑为主，以黄色为底色，是遗留至今为数不多的明式彩画实例，更显珍贵。

梁家祠堂
正堂外望

江西吉安

梁家祠堂是至今保存较完整的祠堂,位于吉安市文笔乡。祠堂平面呈长方形,由两进四合院组成。其大门为三间凹廊式门楼,明间檐柱直上高过屋面形成一个小屋顶,强调出入口的庄重地位。进入大门面对正堂,周围以回廊围成庭院,有利于开展各种集会活动。正堂亦有五间,体量高敞。具有特色处是明间向前突出,附建一间敞轩,轩顶有藻井。这间敞厅有利于祭典行礼仪式的举行,也增强了空间轴线的地位。

金家祠堂 玉善堂门

江西景德镇

金家祠堂原建于江西婺源县,今已全部落架迁至景德镇古窑博览区内重建。金家祠堂是清代祠堂中规模较大、保存较完好者,分三进院落,外部以青砖封火墙完全包围起来,平直的马头墙层层跌落,青砖、青瓦及白粉缘道,充分表现出赣北皖南民居的格调。玉善堂门是祠堂入口,采檐门形式,即在封护檐墙上作出立贴式牌楼门,以石材浮贴出柱枋构件,并施以雕刻。在色彩上巧妙地利用黑、白、灰三种相近色的统一性,同时将门名贴成金字,与砖石材料强烈对比,突出了入口的轴线地位。

二王庙王庙门

四川都江堰

秦昭王时李冰任蜀郡太守,率众兴建著名的都江堰,为百姓造福后人为纪念李冰父子治水的功绩,因此在灌县都江堰东北玉垒山麓建"宗德祠"。宋代以后历朝封李冰父子为王,故改称二王庙,现存筑皆为清代所建。二王庙建筑依山临江而建,玉垒仙都是第一道门,分设在南、北两个方向。过玉垒仙都门转而正东,即为第二道山王庙门,王庙门建在高高的坡地上,门前大踏步一直伸延到庙门中,门为三层两檐的楼阁式样,两侧夹屋亦为两层,正面有如一座戏台。

二王庙观澜亭

四川都江堰

进王庙门后登数级台阶,又急转向北,继续登山而上,在此转角处,匠师运用极巧妙的手法作了两项精彩的建筑处理。一为对王庙门的石壁上建立一座两层楼阁,即观澜亭。栏楯纤柔、翼角飞扬,临亭西望,透过王庙门可见岷江主流及珠浦长桥。观澜亭也是进入王庙门的极佳对景。另一精彩处是在转折处的南壁上,书刻李冰治水口诀"深淘滩、低作堰"六个大字。这项处理不仅点出纪念建筑的主要意匠,增加了建筑空间中的人文景观因素,也成为自灵官楼下山的对景。

二王庙灵官楼

四川都江堰

二王庙依山而建,地形落差极大,自入口处至正殿间高低相距达19.5米,因此由两侧安排之字形上山路。过观澜亭后拾级而上,即可见灵官楼。在总体建筑上,灵官楼是二王庙的第三道门。这是从观澜亭到二王庙最后一道山门的空间景观序列中的重要起伏。室内供奉王灵官,灵官是道教中的护法神,灵官楼即类似佛教寺院中供养四大天王的天王殿。外观为两层的过街楼式,不但有过渡引导作用,也是游人驻足之处。

二王庙李冰殿

四川都江堰

过灵官楼，转而正东，入"二王庙"山门后即可到达二王庙的主要庭院。李冰殿是二王庙的主要殿堂，居庭院东边。殿为七开间，两层楼歇山顶建筑，带周围廊，建筑体量硕大。进深甚长，为避免屋顶过高之弊，采用了前、后两座屋顶勾连搭式构造。殿前廊甚宽，阔为三步架，船篷式轩顶，是朝拜时的过渡空间。檐下撑栱雕刻华丽，采用云龙透雕手法，具有浓厚的四川地区装饰特色。色彩方面，在黑色主调的基础上，大胆使用红、黄、蓝三原色，并重点用金，在庄重中更见华美。

武侯祠过殿

四川成都

　　武侯祠是纪念三国时蜀汉丞相诸葛亮的祠庙，地处成都南门外。现存殿宇建于清康熙十一年(公元1672年)，为一复合式祠庙，前部为昭烈庙，后部为武侯祠。过殿位于昭烈殿及武侯殿之间，是分隔两座主要殿堂的过渡性建筑，也是武侯祠建筑群的入口建筑。过殿前后开敞，呈过厅形制，背面联建一抱厦式建筑，使其造型更加丰富。过昭烈殿后，下台阶数步，马上被低矮的过殿将视线拦截，无法看见武侯殿。穿过此殿后才豁然开朗，一收一放，欲扬先抑，充分展现视觉艺术的变幻作用。

杜甫草堂水槛 杜甫草堂原是唐代大诗人杜甫的故居旧址,在成都西门外的浣花溪畔。后代历经修缮,除主体建筑外,更按建中所提及之花径、柴门、水槛等景致。水槛临溪是诗人对其故居草堂描述的一个景色,现存建筑的水槛横架在诗史堂以西的小溪上,背临水池。水槛为敞厅式,全部开敞,柱间设休息凭栏用的美人靠栏杆,空透轻盈。水槛四周遍植绿竹,青翠欲滴。从柴门前的小桥西望水槛,只见小溪两岸绿树成荫,厅棚横卧溪上,水光倒影,茂林修竹,杜甫诗意沛然再现。

杜甫草堂花径

四川成都

杜甫在安史之乱后曾客寓成都,在浣花溪旁的茅屋住了四年左右。北宋时重建茅屋,开始立祠,明、清两代续加修建,始具今日草堂规模。杜甫客居此地时,诗作逾240首,多为脍炙人口的佳作,名篇《茅屋为秋风所破歌》即居草堂时所作,七言律诗《客至》亦作于此地。花径即为《客至》中"花径不曾缘客扫,蓬门今始为君开"景致的再现。花径居草堂东部,是一道曲折的小径,两侧一带红墙夹峙,春日花繁似锦,色彩斑斓,故有花径之名。过花径即可达柴门。

杜甫草堂 少陵草堂碑亭

四川成都

杜甫草堂建筑采中轴排列,由南至北主要为大门、大廨、诗史堂、柴门、工部祠(杜甫曾任工部员外郎,故亦称杜工部)等建筑。建筑体量经历代修缮,已加以扩大,但仍保持简单朴素、原木茅顶旧风貌。今柴门及草堂虽已改为瓦房,尚留有质朴的故室痕迹。杜甫先祖本为京兆杜陵人,因此杜甫常自称"杜陵布衣"或"少陵野老",少陵草堂之名即因此而成。少陵草堂碑亭居工部祠东边,是一座平面为正六角形的草顶亭子,亭内立"少陵草堂"石碑一通。

三苏祠木假山堂

四川眉山

三苏祠是纪念唐宋八大家中苏洵及其子苏轼、苏辙的祠庙，明太祖洪武年间将三苏故室改建而成，清康熙四年（公元1665年）重建，同治、光绪年间续有改建。木假山堂与启贤堂居大殿后方，实为一栋建筑，木假山堂仅占建筑的后半部，面朝北方。木假山堂与后部的济美堂之间为一水院，东、西及中部皆有空廊联系，跨于水面。空廊将堂前小院划分成不同的空间，而产生不同的观赏角度。这种水院空廊交融的空间组合是传统建筑中少见的，也是祠庙建筑吸收园林手法的实例。

陈家祠堂砖雕墀头及装饰

广东广州

位于广州市中山七路的陈家祠堂建于清德宗光绪十六年至二十年（公元1890—1894年），是广东祠堂的典型形式。其墀头及装饰集砖雕、灰塑、彩绘为一体，聚人物、动物及花卉造型于一处，不拘形式，有些部位还可表现故事、戏出，是陈家祠堂装饰的特点。门额上方塑饰各种动物形象，瓦当、滴水上方则以剔底雕手法雕出三国时代刘备、关羽、张飞桃园三结义的故事，人物栩栩如生，充分表现出工匠巧妙的技艺。门上方另塑辟邪物，是民间住宅常用的手法。

陈家祠堂前座墙饰

广东广州

陈家祠堂以其建筑装饰之多彩多姿、堂皇富丽而著称,尤以雕刻最为引人注目。各种题材的砖、木、石雕、陶塑、泥塑、铸铁等充满于屋脊、檐墙、墀头、影壁、栏杆等处,宛如一座雕刻博物馆。在其大门前有一广场,设一座与入口相对的影壁,入口左、右的建筑对应内院而言在其前方,故称前座。前座墙面为实体的清水砖墙,为避免实墙的单调感,在檐下部位以砖雕花饰装点之雕饰人物及建筑物等,内容轻快而丰富。

北镇庙五重大殿

辽宁北镇

北镇庙位于北镇县西医巫闾山脚下,该山为五大镇山之一,至迟在隋代即已被封为镇山。金代始于山下立祠庙,历经元、明、清各代扩建而成今日规模。其主体建筑在神马门之后,有御香殿、正殿、更衣殿、内香殿、寝殿等五重大殿,皆建于统一的工字形高台上,再加上高台前碑碣林立,气势十分雄伟。这种将数栋殿宇建在一个高台上,是元代盛行的建筑手法,可以有效地加强主要建筑的气势。明、清紫禁城中的三大殿即承继了这种建筑方式。

北镇庙石牌坊与山门

辽宁北镇

北镇庙规模宏伟,占地广阔,东西宽109米,南北长240米,元、明以来,每遇国家大事(如皇帝即位、得子或天时不顺等),都要派官员来此告祭,可见此庙的重要性。庙前由建于坡地前沿的石牌坊及山门形成前奏,石牌坊为五门六柱五楼式,用材粗大,形象浑厚端庄,绝少雕饰。后虽因地震而毁,但还残留尽间两柱、额枋及各柱抱鼓石,仍可据此想见当年雄姿。由于地势渐高,山门又建于高台之上,踏步层层,显出镇山庙的本色。

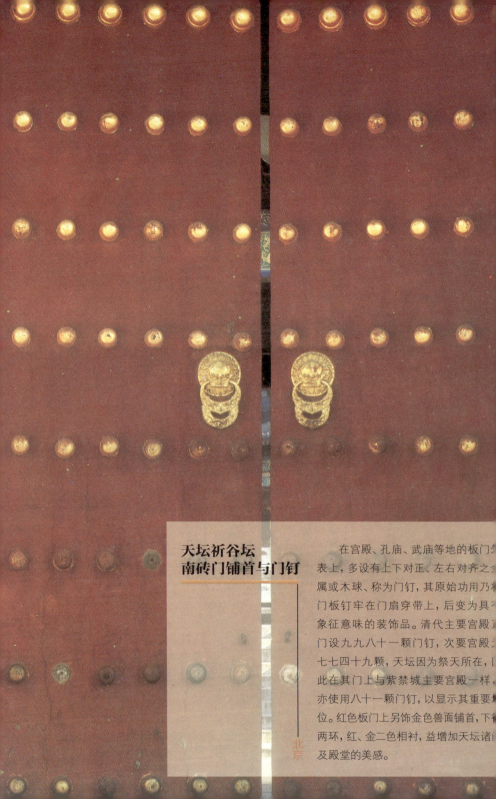

天坛祈谷坛
南砖门铺首与门钉

在宫殿、孔庙、武庙等地的板门外表上,多设有上下对正、左右对齐之金属或木球,称为门钉,其原始功用乃将门板钉牢在门扇穿带上,后变为具象征意味的装饰品。清代主要宫殿正门设九九八十一颗门钉,次要宫殿为七七四十九颗,天坛因为祭天所在,因此在其门上与紫禁城主要宫殿一样,亦使用八十一颗门钉,以显示其重要地位。红色板门上另饰金色兽面铺首,下衔两环,红、金二色相衬,益增加天坛诸门及殿堂的美感。

北京

附录一　建筑词汇

十字脊：两个两坡屋顶垂直相交，屋脊形成十字，顶之外端作成歇山式。

井亭：建在水井上面的亭子。屋顶中间是漏空的，可使井水见到天日。

天花：建筑物内部木构顶棚，以木条交错成为方格，上铺板，用来遮蔽梁以上的部分。

天窗：开设在屋顶上或墙壁高处之窗，称天窗。

斗栱：我国传统木构架体系建筑中的一种支承物件，由斗栱形木块和弓形木纵横交错层叠构成。早期斗栱为木构架结构层的一部分，明、清以后斗栱的结构作用蜕化，成为主要起装饰作用的构件。

月台：宫殿、坛庙、佛寺大殿前面积较宽广的基台，作为举行朝拜、祭祀、典礼的地方。一般与殿基台联筑。

台基：高出地面的建筑物平台，用以承托建筑物并使其避免地下潮气的侵蚀。

四合院：中国传统的院落式住宅，其布局特点是四面建房，中间围成一个庭院。基地四周为墙，一般对外不开窗。

宅院式：古代住宅布局多采用一进进的厅堂，周围以廊屋环绕，形成院落，称为宅院式。

艾叶青：大理石的一种，色青白，产于北京房山。

行廊：即廊子。

夹室：一称夹屋，为正厅两侧接建的房屋，夹室朝向与正厅相同，山墙相依。清代住宅中称之为耳房。

甬道：楼阁间相通的复道。

角房：同隅房。

角门：宫殿、坛庙、佛寺等大型建筑的正门、中门两侧开设的便门。

券门：用"发券"方法做成砖石洞口的门，按券的形式又分为半圆形、尖拱形和折线形等。

周围廊：大型建筑物外檐四周的廊子，廊内为建筑装修。

明间：建筑物正面中央两柱间之部分。

枋：较小于梁之辅材。

金柱：在前后两排檐柱以内，但不在纵中线上之柱。

泮池：各地文庙门前的半圆形水池。天子可用圆形水池，称辟雍；诸侯只能取其半，以表示谦恭。

屋面：是屋顶的上覆盖层，包括面层和基层。面层的主要作用是防水和排水，基层具有承托面层、起坡、传递荷载等作用。

拱北：中国伊斯兰教建筑中的墓祠建筑，系教主或宗教上层人物的坟墓。新疆维吾尔自治区称玛扎，甘、青、宁诸省区称为拱北。

架：指房屋的进深，以架数（即檩数）的多少，表示进深的大小。

面阔：建筑物正面柱与柱间之距离。建筑物正面之长度称为通面阔。

重檐：两重以上的屋檐谓之重檐。

宫观：古代苑囿中供帝王休憩和游乐的一种建筑。

琉璃瓦：带釉之瓦，多为黄色或绿色，亦有蓝、黑及其他颜色，一般用于宫殿和寺庙建筑。

祠堂：后代子孙尊崇先人祖宗的贡献，于是建庙堂与偶像以为追念，此即家祠，或称家庙、影堂，简称祠堂。

回廊：围合庭院的有顶的通道。

配殿：在宫殿或庙宇的正殿前面的左、右两侧，都建有小于正殿规模的建筑物，这种建筑称配殿。

匾额：挂在厅堂或亭榭上的题字横额。

堂：即堂屋，亦即正房，在住宅主要中轴线上的建筑物。

旋子彩画：用于王府、庙宇或宫廷的一些次要建筑上的彩画。题材以旋花、卷草、龙纹或锦纹等五彩图案为主。

围墙：上面无盖，不蔽风雨，只分界限之墙。

廊庑：堂前东、西两边联檐通脊的长厢房或廊子。

廊房：正房之前，左、右配置之建筑物。

戟门：古代殿堂、坛庙的门屋。根据礼仪的需要于门内陈列铁戟以示威仪，故名戟门。

普拍枋：木构架房屋的大额枋上安置的一块用以搁置坐斗的枋料。宋代开始应用。

减地平法：在素平的装饰面上以阴剔线刻组成图案，称为"平"；于图案周围浅浅斫去一层，称为"减地"。减地平为宋代以来形成的四种石材装饰手法之一。

梢间：建筑物在左右两端之部分。

进深：建筑物由前檐柱至后檐柱间之距离。

间：四柱间所包含之面积。

隅房：即角房。在正方形或矩形平面布局中的角部房屋。

牌坊：原来是里坊的一种门制，后来用以标榜功德，同时划分或控制空间。一般采用木材、砖石、琉璃等材料建造。

碑亭：内部立有帝王御笔石碑或庙号石碑的亭楼。体形大的称碑楼。

槅扇门：一种有棂格采光，可以开合装卸的室内或室外的门。

歇山：由四个倾斜的屋面、一条正脊、四条垂脊、四条戗脊和两侧倾斜屋面上部转折成垂直的三角形山花墙面组成，形成悬山与庑殿相交所成之屋顶结构形式。因屋顶有九条脊，所以又称"九脊顶"。

照壁：与大门相对作屏障用的墙壁，亦称照墙、影壁。

补间：斗之一种，用于柱头之间部位，宋代称补间铺作，清代称平身科斗。

跨院：大的宅院除沿纵向一进进院落之外，尚在左右两侧附建院落，称之为跨院。

辟雍：明堂周围环绕的圆形水池，称为辟雍。传至清代讹传为国子监内帝王讲学的专用建筑名称。

汉白玉：颜色洁白、质地细密坚硬的大理岩，是上等的建筑材料。

影壁：建在院落的大门内或大门外，与大门相对作屏障用的墙壁，又称照壁、照墙。古称门屏，其形式有一字形和八字形等。

庑殿：我国传统建筑屋顶形式之一，由四个倾斜的坡屋面、一条正脊（平脊）和四条斜脊组成，所以又称"五脊顶"。四角起翘，屋面略呈弯曲。

龙井柱：指建筑物内部承托最上部屋面的柱子，在多层或多檐建筑中即指最内部的一圈柱子，又因大殿堂天花中心皆有龙井（蟠龙藻井），故又称为龙井柱。

檐柱：支承屋檐之柱。

点石：独立的石头，一般作为观赏用。

阙：中国古代用于标志建筑群入口的建筑物，常建于城池、宫殿、第宅、祠庙和陵墓之前。通常左右各一，其间有路可通。

离宫：在都城以外建造的居住宫室和游乐建筑。

墙：即包围祭坛的矮墙。

钟、鼓楼：钟楼和鼓楼的合称，古代用于报时的建筑。寺庙中的钟、鼓楼位于山门内轴线之两侧，平面一般为方形，二层重檐。

攒尖顶：平面为圆形、方形或其他正多边形之建筑物上的锥形屋顶。

攒金柱：即建筑物的内柱，一般称金柱。但清代多层建筑的内柱为上下连成一体的通柱，各通柱攒聚相连，故又称为攒金柱。

栏杆：台坛、楼或廊边上防人、物下坠之障碍物。

栏板：栏杆望柱之间的石板。

棂星门：又称龙凤门，是一种形式特殊，规格较高的牌坊，一般由三组二柱门加四组矮墙组成。因门枋上部饰有石雕火焰宝珠，故又称火焰牌坊。

露台：建筑物上无顶的平台。

附录二 / 中国古建筑年表

朝代	年代	中国年号	大事纪要
新石器时代	前约4800年		今河姆渡村东北已建成干阑式建筑(浙江余姚)
	前约4500年		今半坡村已建成原始社会的大方形房屋(陕西西安)
	前3310～2378		建瑶山良渚文化祭坛(浙江余杭)
	前约3000年		今灰嘴乡已建成长方形平面的房屋(河南偃师)
	前约3000年		今江西省清江县已出现长脊短檐的倒梯形屋顶的房屋
	前约3000年		建牛河梁红山文化女神庙(辽宁凌源)
商	前1900～1500		二里头商代早期宫殿遗址,是中国已知最早的宫殿遗址(河南偃师)
	前17～11世纪		今河南郑州已出现版筑墙、夯土地基的长方形住宅
	前1384	盘庚十五年	迁都于殷,营建商后期都城(即殷墟,今河南安阳小屯)
	前12世纪	纣王	在朝歌至邯郸间兴建大规模的苑台和离宫别馆
西周	前12世纪～771		住宅已出现板瓦、筒瓦、人字形断面的脊瓦
	前12世纪	文王	在长安西北40里造灵囿
	前12世纪	武王	在沣河西岸营建沣京,其后又在沣河东岸建镐京
	前1095	成王十年	建陕西岐山凤雏村周代宗庙
	前9世纪	宣王	为防御猃狁,在朔方修筑一系列小城
	前777	宣王五十一年(秦襄公)	秦建雍城西,祭白帝。后陆续建密畤、上畤、下畤以祭青帝、黄帝、炎帝,成为四方神畤
春秋	前6世纪		吴王夫差造姑苏台,费时3年
	前475	敬王四十五年	《周礼·考工记》提出王城规划须按"左祖右社"制度安排宗庙与社稷坛
战国	前4～3世纪		七国分别营建都城;齐、赵、魏、燕、秦并在国境中的必要地段修筑防御长城
	前350～207		陕西咸阳秦咸阳宫遗址,为一高台建筑
秦	前221	始皇帝二十六年	秦灭六国,在咸阳北阪仿关东六国而建宫殿
	前221	始皇帝二十六年	秦并天下,序定山川鬼神之祭
	前221	始皇帝二十六年	派蒙恬率兵30万北逐匈奴,修筑长城:西起临洮,东至辽东;又扩建咸阳
	前221～210	始皇帝二十六至三十七年	于陕西临潼建秦始皇陵
	前219	始皇帝二十八年	东巡郡县,亲自封禅泰山,告太平于天下
	前212	始皇帝三十五年	营造朝宫(阿房宫)于渭南咸阳
西汉	前3世纪		出现四合院住宅,多为楼房,并带有坞堡
	前206	高祖元年	项羽破咸阳,焚秦国宫殿,火三月不绝
	前205	高祖二年	建雍城北畤,祭黑帝,遂成五方上帝之制
	前201	高祖六年	建枌榆社于原籍丰县,继而令各县普遍建官社,祭土地神祇
	前201	高祖六年	令祝官立蚩尤祠于长安
	前201	高祖六年	建上皇庙
	前200	高祖七年	修长安(今西安)宫城,营建长乐宫
	前199	高祖八年	始建未央宫,次年建成

续表

朝代	年代	中国年号	大事纪要
西汉	前199	高祖八年	令郡国、县立灵星祠,为祭祀社稷之始
	前194~190	惠帝一至五年	两次发役30万修筑长安城
	前179	文帝元年	天子亲自躬耕籍田,设坛祭先农
	前179	文帝元年	在长安建汉高祖之高庙
	前164	文帝十六年	建渭阳五帝庙
	前140~87	武帝年间	于陕西兴平县建茂陵
	前140	武帝建元元年	创建崂山太清宫
	前139	武帝建元二年	在长安东南郊建立太一祠
	前138	武帝建元三年	扩建秦时上林苑,广袤300里,离宫70所;又在长安西南造昆明池
	前127	武帝朔二年	始修长城、亭障、关隘、烽燧;其后更五次大规模修筑长城
	前113	武帝元鼎四年	建汾阴后土祠
	前110	武帝元封元年	封禅泰山
	前109	武帝元封二年	建泰山明堂
	前104	武帝太初元年	于长安城西建建章宫
	前101	武帝太初四年	于长安城内起明光宫
	前32	成帝建始元年	在长安城建南、北郊,以祭天神、地祇,确立了天地坛在都城规划布置中的地位
	4	平帝元始四年	建长安城郊明堂、辟雍、灵台
	5	平帝元始五年	建长安四郊兆、祭五帝、日月、星辰、风雷诸神
	5	平帝元始五年	令各地普建官稷
新	20	王莽地皇元年	拆毁长安建章宫等十余座宫殿,取其材瓦,建长安南郊宗庙,共十一座建筑,史称王莽九庙
东汉	25	光武帝建武元年	帝车驾入洛阳,修筑洛阳都城
	26	光武帝建武二年	在洛阳城南建立南郊(天坛)祭告天地
	26	光武帝建武二年	在洛阳城南建宗庙及太社稷。宗庙建筑,改变了汉初以来的一帝一庙制度,形成一庙多室,群主异室
	57	光武帝中元二年	建洛阳城北的北郊,祭地祇
	65	明帝永平八年	建成洛阳北宫
	68	明帝永平十一年	建洛阳白马寺
	153	桓帝元嘉三年	为曲阜孔庙设百石卒史,负责守庙,为国家管理孔庙之始
	2世纪	东汉末年	张陵修道鹤鸣山,创五斗米教,建置致诚祈祷的静室,使信徒处其中思过;又设天师治于平阳
	2世纪末	东汉末年	第四代天师张盛遵父(张鲁)嘱,携祖传印剑由汉中迁居龙虎山
三国	220	魏文帝黄初元年	曹丕代汉由邺城迁都洛阳,营造洛阳及宫殿
	221	蜀汉章武元年	刘备称帝,以成都为都
	229	吴黄武八年	孙权由武昌迁都建业,营造建业为都城
	235	魏青龙三年	起造洛阳宫
	237	魏明帝太和十一年	在洛阳造芳林苑,起景阳山
晋	约300年	惠帝永康元年	石崇于洛阳东北之金谷涧,因川阜而造园馆,名金谷园
	327	成帝咸和二年	葛洪于罗浮山朱明洞建都虚观以炼丹,唐天宝年间扩建为葛仙祠

续表

朝代	年代	中国年号	大事纪要
晋	332	成帝咸和七年	在建康(今南京)筑建康宫
	4世纪		在建康建华林园，位于玄武湖南岸；刘宋时则另于华林园以东建乐游苑
	347	穆帝永和三年	后赵石虎在邺城造华林园，凿天泉池，又造桑梓苑
	353～366	穆帝永和九年至废帝太和元年	始创甘肃敦煌莫高窟
	400	安帝隆安四年	慧持建普贤寺(即今万年寺前身)，为峨眉山第一座寺庙
	401～407	安帝隆安五年至义熙三年	燕慕容熙于邺城造龙腾苑，广袤十余里，苑中有景云山
	413	安帝义熙九年	赫连勃勃营造大夏国都城统万城
南北朝	420	宋武帝永初元年	谢灵运在会稽营建山墅，有《山居赋》记其事
	446	北魏太平真君七年	发兵10万修筑畿上塞围
	452～464	北魏文成帝	始建山西大同云冈石窟
	5世纪	北魏	北天师道创立人寇谦之隐居华山
	5世纪	齐	文惠太子造玄圃园，有"多聚奇石，妙极山水"的记载
	494～495	北魏太和十八至十九年	开凿龙门石窟(洛阳)
	513	北魏延昌二年	开凿甘肃炳灵寺石窟
	516	北魏熙平元年	于洛阳建永宁寺木塔
	523	北魏正光四年	建河南登封嵩岳寺砖塔
	530	梁武帝中大通二年	道士于茅山建曲林馆，继之为著名道士陶弘景的华阳下馆
	552～555	梁元帝承圣一至四年	于江陵造湘东苑
	573	北齐	高纬扩建华林苑，后改名为仙都苑
	6世纪	北周	庾信建小园，并有《小园赋》记其事
隋	582	文帝开皇二年	命宇文恺营建大兴城(今西安)，唐代更名为长安城
	586	文帝开皇六年	始建河北正定龙藏寺，清康熙年间改称今名隆兴寺
	595	文帝开皇十五年	在大兴建仁寿宫
	605～618	炀帝大业年间	青城山建延庆观；唐代改建为常道观(即天师洞)
	605～618	炀帝大业年间	在洛阳宫城西造西苑，周围20里，有16院
	607	炀帝大业三年	在太原建晋阳宫
	607	炀帝大业三年	发男丁百万余修长城
	611	炀帝大业七年	于山东历城建神通寺四门塔
唐	7世纪		长安宫城内有东、西内城，城外有禁苑，周围120里
	618～906		出现一颗印式的两层四合院，但楼阁式建筑已日趋衰退
	619	高祖武德二年	确定了对五岳、四镇、四海、四渎山川神的祭祀
	619	高祖武德二年	在京师国子学内建立周公及孔子庙各一所
	620	高祖武德三年	于周至终南山山麓修宗圣宫，祀老子，以唐诸帝陪祭(即古楼观之中心)
	627～648	太宗贞观年间	封华山为金天王，并创建庙宇(西岳庙)
	630	太宗贞观四年	令州县学内皆立孔子庙

续表

朝代	年代	中国年号	大事纪要
唐	636	太宗贞观十年	于陕西省礼泉县建昭陵
	651	高宗永徽二年	大食国正式遣使来唐,伊斯兰教开始传入我国
	7世纪		创建广州怀圣寺
	652	高宗永徽三年	于长安建慈恩寺大雁塔
	653	高宗永徽四年	金乔觉于九华山建化城寺
	662	高宗龙朔二年	于长安东北建蓬莱宫,高宗总章三年(670年)改称大明宫
	669	高宗总章二年	建长安兴教寺玄奘塔
	681	高宗开耀元年	长安建香积寺塔
	683	高宗弘道元年	于陕西省乾县建乾陵
	688	武则天垂拱四年	拆毁洛阳宫内乾元殿,建成一座高达三层的明堂
	7世纪末		武则天登中岳,封嵩山为神岳
	707~709	中宗景龙一至三年	于长安建荐福寺小雁塔
	714	玄宗开元二年	始建长安兴庆宫
	722	玄宗开元十年	诏两京及诸州建玄元皇帝庙一所,以奉祀老子
	722	玄宗开元十年	建幽州(北京)天长观,明初更名白云观
	724	玄宗开元十二年	于青城山下筑建福宫
	725	玄宗开元十三年	册封五岳神及四海神为王;四镇山神及四渎水神为公
	8世纪		在临潼县骊山造离宫华清池;在曲江则有游乐胜地
	742	玄宗天宝元年	废北郊祭祀,改为在南郊合祭天地
	751	玄宗天宝十年	玄宗避安史之乱,客居青羊观,回长安后赐钱大事修建,改名青羊宫
	8世纪		李德裕在洛阳龙门造平泉庄
	8世纪		王维在蓝田县辋川谷营建辋川别业
	8世纪		白居易在庐山造庐山草堂,有《草堂记》述其事
	782	德宗建中三年	于五台山建南禅寺大殿
	857	宣宗大中十一年	于五台山建佛光寺东大殿
	904	昭宗天祐元年	道士李哲玄与张道冲施建太清宫(称三皇庵)
五代	951~960	后周	始在国都东、西郊建日月坛
	956	后周世宗显德三年	扩建后梁、后晋故都开封城,并建都于此。北宋继之以为都城,并续有扩建
	959	后周世宗显德六年	于苏州建云岩寺塔
北宋	960~1279		宅第民居形式趋向定型化,形式已和清代差异不大
	964	太祖乾德二年	重修中岳庙
	971	太祖开宝四年	于正定建隆兴寺佛香阁及24米高观音铜像
	977	太宗太平兴国二年	于上海建龙华塔
	984	太宗雍熙元年(辽圣宗统和二年)	辽建独乐寺观音阁(河北蓟县)
	996	太宗至道二年(辽圣宗统和十四年)	辽建北京牛街礼拜寺
	11世纪		重建韩城汉太史公祠

续表

朝代	年代	中国年号	大事纪要
北宋	1008	真宗大中祥符元年	于东京(今开封)建玉清昭应宫
	1009	真宗大中祥符二年	建岱庙天贶殿
	1009	真宗大中祥符二年	于泰山建碧霞元君祠,祀碧霞元君
	1009~1010	真宗大中祥符二至三年	始建福建泉州圣友寺
	1013	真宗大中祥符六年	再修中岳庙
	1038	仁宗宝元元年(辽兴宗重熙七年)	建山西大同下华严寺薄伽教藏殿
	1049~1053	仁宗皇祐年间	贾得升建希夷祠祀陈抟(今玉泉院)
	1052	仁宗皇祐四年	建隆兴寺摩尼殿(河北正定)
	1056	仁宗嘉祐元年(辽道宗清宁二年)	建山西应县佛宫寺释迦塔
	11世纪		司马光在洛阳建独乐园,有《独乐园记》记其事
	11世纪		富弼在洛阳有邸园,人称富郑公园
	1086~1099	哲宗年间	赐建茅山元符荣宁宫
	1087	哲宗元祐二年	赐名罗浮山葛仙祠为冲虚观
	1102	徽宗崇宁元年	重修山西晋祠圣母殿
	1105	徽宗崇宁四年	于龙虎山创建天师府,为历代天师起居之所
	1115	徽宗政和五年	在汴梁建造明堂,每日兴工万余人
	1125	徽宗宣和七年	于登封建少林寺初祖庵
	12世纪	北宋末南宋初	广州怀圣寺光塔建成
南宋	12世纪		绍兴禹迹寺南有沈园,以陆游诗名闻于世
	12世纪		韩侂胄在临安造南园
	12世纪		韩世宗于临安建梅冈园
	1131	高宗绍兴元年	建福建泉州清净寺;元至正九年(1349年)重修
	1138	高宗绍兴八年	以临安为行宫,定为都城,并着手扩建
	1150	高宗绍兴二十年(金庆帝天德二年)	金完颜亮命张浩、孔彦舟营建中都
	1163	孝宗隆兴元年(金世宗大定三年)	金建平遥文庙大成殿
	1190~1196	光宗绍熙元年至宁宗庆元二年(金章宗昌明年间)	金丘长春修道崂山太清宫,后其师弟刘长生增筑观宇,建成全真道随山派祖庭
	1240	理宗嘉熙四年(蒙古太宗十二年)	蒙古于山西永济县永乐镇吕洞宾故里修建永乐宫
	1267	度宗咸淳三年(蒙古世祖至元四年)	蒙古忽必烈命刘秉忠营建大都城
	1269	度宗咸淳五年(蒙古世祖至元六年)	蒙古建大都(北京)国子监
	1271	度宗咸淳七年(元世祖至元八年)	元建北京妙应寺白塔,为中国现存最早的喇嘛塔
	1275	恭帝德祐元年(元至元十二年)	始建江苏扬州普哈丁墓
	1275	恭帝德祐元年(元至元十二年)	始建江苏扬州清真寺(仙鹤寺),后并曾多次重修

续表

朝代	年代	中国年号	大事纪要
元	1281	元世祖至元十八年	浙江杭州真教寺大殿建成，延祐年间(1314～1320年)重建
	13世纪	元初	建西藏萨迦南寺
	13世纪	元初	建大都之禁苑万岁山及太液池，万岁山即今之琼华岛
	13世纪	元初	创建云南昆明正义路清真寺
	14世纪		创建上海松江清真寺，明永乐、清康熙时期重修
	1302	成宗大德六年	建大都(北京)孔庙
	1310	武宗至大三年	重修福建泉州圣友寺
	1320	仁宗延祐七年	建北京东岳庙
	1323	英宗至治三年	重修福建泉州伊斯兰教圣墓
	1342	顺帝至正二年	天如禅师建苏州狮子林
	1343	顺帝至正三年	重建河北定县清真寺
	1350	顺帝至正十年	重修广州怀圣寺
	1356	顺帝至正十六年	北京东四清真寺始建；明英宗正统十二年(1447年)重修
	1363	顺帝至正二十三年	建新疆霍城吐虎鲁克帖木儿玛扎
明	1368～1644		各地都出现一些大型院落，福建已出现完善的土楼
	1368	太祖洪武元年	朱元璋始建宫室于应天府(今南京)
	14世纪	太祖洪武年间	云南大理老南门清真寺始建，清代重修
	14世纪	太祖洪武年间	湖北武昌清真寺建成，清高宗乾隆十六年(1751年)重修
	14世纪	太祖洪武年间	宁夏韦州大寺建成
	1373	太祖洪武六年	南京城及宫殿建成
	1373	太祖洪武六年	派徐达镇守北边，又从华云龙言，开始修筑长城，后历朝屡有兴建
	1376～1383	太祖洪武九至十五年	于南京建灵谷寺大殿
	1373	太祖洪武六年	在南京钦天山建历代帝王庙
	1381	太祖洪武十四年	始建孝陵，位于江苏省南京市，成祖永乐三年(1405年)建成
	1388	太祖洪武二十一年	创建南京净觉寺；宣宗宣德五年(1430年)及孝宗弘治三年(1492年)两度重修
	1392	太祖洪武二十五年	创建陕西西安华觉巷清真寺，明、清两代并曾多次重修扩建
	1407	成祖永乐五年	始建北京宫殿
	1409	成祖永乐七年	始建长陵，位于北京市昌平区
	1413	成祖永乐十一年	敕建武当山宫观，历时11年，共建成8宫、2观及36庵堂、72岩庙
	1420	成祖永乐十八年	北京宫城及皇城建成，迁都北京
	1420	成祖永乐十八年	建北京天地坛、太庙、先农坛
	1421	成祖永乐十九年	北京宫内奉天、华盖、谨身三殿被烧毁
	1421	成祖永乐十九年	建北京社稷坛
	15世纪		大内御苑有后苑(今北京故宫坤宁门北之御花园)、万岁山(即清代的景山)、建福宫花园、西苑和兔苑
	1436	英宗正统元年	重建奉天、华盖、谨身三殿
	1442	英宗正统七年	重修北京牛街礼拜寺，清康熙三十五年(1696年)大修扩建
	1444	英宗正统九年	建北京智化寺

续表

朝代	年代	中国年号	大事纪要
明	1447	英宗正统十二年	于西藏日喀则建扎什伦布寺
	1456	景帝景泰七年	初建景泰陵，后更名为庆陵
	1465~1487	宪宗成化年间	山东济宁东大寺建成，清康熙、乾隆时重修
	1473	宪宗成化九年	于北京建真觉寺金刚宝座塔
	1483~1487	宪宗成化十九至二十三年	形成曲阜孔庙今日之规模
	1495	孝宗弘治八年	山东济南清真寺建成，世宗嘉靖三十三年(1554年)及清穆宗同治十三年(1874年)重修
	1500	孝宗弘治十三年	重修无锡泰伯庙
	16世纪		重修山西太原清真寺
	1506~1521	武宗正德年间	秦端敏建无锡寄畅园，有八音涧名闻于世
	1509	武宗正德四年	御史王献臣罢官归里，在苏州造拙政园
	1519	武宗正德十四年	重修北京宫内乾清、坤宁二宫
	1522~1566	世宗嘉靖年间	始建苏州留园；清乾隆时修葺
	1523	世宗嘉靖二年	重修河北宣化清真寺；清穆宗同治四年(1865)年再修
	1524	世宗嘉靖三年	新疆喀什艾迪卡尔礼拜寺建成，清高宗乾隆五十三年(1788)年扩建
	1530	世宗嘉靖九年	建北京地坛、日坛，月坛，恢复了四郊分祭之礼
	1530	世宗嘉靖九年	改建北京先农坛
	1531	世宗嘉靖十年	建北京历代帝王庙
	1534	世宗嘉靖十三年	改天地坛为天坛
	1537	世宗嘉靖十六年	北京故宫新建养心殿
	1540	世宗嘉靖十九年	建十三陵石牌坊
	1545	世宗嘉靖二十四年	重修北京太庙
	1545	世宗嘉靖二十四年	将天坛内长方形的大殿改建为圆形三檐的祈年殿
	1549	世宗嘉靖二十八年	重修福建福州清真寺
	1559	世宗嘉靖三十八年	建上海豫园，为潘允端之私园，大假山则是著名叠石家张南阳造
	1561	世宗嘉靖四十年	始建河南沁阳清真寺，明神宗万历十八年(1590年)、清德宗光绪十三年(1887年)重修
	1568	穆宗隆庆二年	戚继光镇蓟州；增修长城，广建敌台及关塞
	1573~1619	神宗万历年间	米万钟建北京勺园，以"山水花石"四奇著称
	1583	神宗万历十一年	始建定陵，位于北京市昌平区
	1598	神宗万历二十六年	始建永陵，初名兴京陵，清世祖顺治十六年(1659年)改为今名
	1601	神宗万历二十九年	建福建齐云楼，为土楼形式
	1602	神宗万历三十年	始建江苏镇江清真寺；清代重建
	1615	神宗万历四十三年	重建北京故宫皇极(太和)、中极(中和)、建极(保和)三大殿
	1620	神宗万历四十八年	重修庆陵
	1629	思宗崇祯二年(后金太宗天聪三年)	后金于辽宁省沈阳市建福陵
	1634	思宗崇祯七年	计成所著《园冶》一书问世

续表

朝代	年代	中国年号	大事纪要
明	1640	思宗崇祯十三年（清太宗崇德五年）	清重修沈阳故宫笃恭殿(大政殿)
	1643	思宗崇祯十六年（清太宗崇德八年）	清始建昭陵，位于辽宁沈阳市，为清太宗皇太极陵墓
清	1645～1911		今日所能见到的传统民居形式大致已形成
	17世纪	清初	新疆喀什阿巴伙加玛扎始建，后曾多次重修扩建
	1644～1661	世祖顺治年间	改建西苑，于琼华岛上造白塔
	1645	世祖顺治二年	达赖五世扩建布达拉宫
	1655	世祖顺治十二年	重建北京故宫乾清、坤宁二宫
	1661	世祖顺治十八年	始建清东陵
	1662～1722	圣祖康熙年间	建福建永定县承启楼
	1663	圣祖康熙二年	孝陵建成，位于河北省遵化县
	1672	圣祖康熙十一年	重建成都武侯祠
	1677	圣祖康熙十六年	山东泰山岱庙形成今日之规模
	1680	圣祖康熙十九年	在玉泉山建澄心园，后改名静明园
	1681	圣祖康熙二十年	建景陵，位于河北遵化县
	1683	圣祖康熙二十二年	重建北京故宫文华殿
	1684	圣祖康熙二十三年	造畅春园
	1687	圣祖康熙二十六年	始建甘肃兰州解放路清真寺
	1689	圣祖康熙二十八年	建北京故宫宁寿宫
	1689	圣祖康熙二十八年	四川阆中巴巴寺始建
	1690	圣祖康熙二十九年	重建北京故宫太和殿，康熙三十四年（1695年）建成
	1696	圣祖康熙三十五年	于呼和浩特建席力图召
	1702	圣祖康熙四十一年	河北省泊镇清真寺建成；德宗光绪三十四年（1908年）重修
	1703	圣祖康熙四十二年	建承德避暑山庄
	1703	圣祖康熙四十二年	始建天津北大寺
	1710	圣祖康熙四十九年	重建山西解县关帝庙
	1718	圣祖康熙五十七年	建孝东陵，葬世祖之后孝惠章皇后博尔济吉特氏
	1720	圣祖康熙五十九年	始建甘肃临夏大拱北
	1722	圣祖康熙六十一年	始建甘肃兰州桥门街清真寺
	1725	世宗雍正三年	建圆明园，乾隆时又增建，共四十景
	1730	世宗雍正八年	始建泰陵，高宗乾隆二年(1737年)建成
	1735	世宗雍正十三年	建香山行宫
	1736～1796	高宗乾隆年间	著名叠石家戈裕良造苏州环秀山庄
	1736～1796	高宗乾隆年间	河南登封中岳庙形成今日规模
	1742	高宗乾隆七年	四川成都鼓楼街清真寺建成，乾隆五十九年（1794年）重修
	1745	高宗乾隆十年	扩建香山行宫，并改名静宜园
	1746～1748	高宗乾隆十一至十三年	增建沈阳故宫中路、东所、西所等建筑群落
	1750	高宗乾隆十五年	建造北京故宫雨花阁
	1750	高宗乾隆十五年	建万寿山、昆明湖，定名清漪园，历时14年建成
	1751	高宗乾隆十六年	在圆明园东造长春园和绮春园

续表

朝代	年代	中国年号	大事纪要
清	1752	高宗乾隆十七年	将天坛祈年殿更为蓝色琉璃瓦顶
	1752	高宗乾隆十七年	重修沈阳故宫
	1755	高宗乾隆二十年	于承德建普宁寺,大殿仿桑耶寺乌策大殿
	1756	高宗乾隆二十一年	重建湖南汨罗屈子祠
	1759	高宗乾隆二十四年	重建河南郑州清真寺
	1764	高宗乾隆二十九年	建承德安远庙
	1765	高宗乾隆三十年	宋宗元营建苏州网师园
	1766	高宗乾隆三十一年	建承德普乐寺
	1767~1771	高宗乾隆三十二至三十六年	建承德普陀宗乘之庙
	1770	高宗乾隆三十五年	建福建省华安县二宜楼
	1773	高宗乾隆三十八年	宁夏固原二十里铺拱北建成
	1774	高宗乾隆三十九年	建北京故宫文渊阁
	1778	高宗乾隆四十三年	建沈阳故宫西路建筑群
	1778	高宗乾隆四十三年	新疆吐鲁番苏公塔礼拜寺建成
	1779~1780	高宗乾隆四十四至四十五年	建承德须弥福寿之庙
	1781	高宗乾隆四十六年	建沈阳故宫文溯阁、仰熙斋、嘉荫堂
	1783	高宗乾隆四十八年	建北京国子监辟雍
	1784	高宗乾隆四十九年	建北京西黄寺清净化城塔
	18世纪		建青海湟中塔尔寺
	1789	高宗乾隆五十四年	内蒙古呼和浩特清真寺创建,1923年重修
	1796	仁宗嘉庆元年	始建河北易县昌陵,8年后竣工
	18~19世纪	仁宗嘉庆年间	黄至筠购买扬州小玲珑小馆,于旧址上构筑个园
	1804	仁宗嘉庆九年	重修沈阳故宫东路、西路及中路东、西两所建筑群
	1822	宣宗道光二年	建成湖南隆回清真寺
	1822~1832	宣宗道光二至十二年	天津南大寺建成
	1832	宣宗道光十二年	始建慕陵,4年后竣工
	1851	文宗咸丰元年	建昌西陵,葬仁宗孝和睿皇后
	1852	文宗咸丰二年	西藏拉萨河坝林清真寺建成
	1859	文宗咸丰九年	于河北省遵化县建定陵
	1859	文宗咸丰九年	成都皇城街清真寺建成,1919年重修
	1873	穆宗同治十二年	始建定东陵,德宗光绪五年(1879年)建成
	1875	德宗光绪元年	于河北省遵化县建惠陵
	1882	德宗光绪八年	青海大通县杨氏拱北建成
	1887	德宗光绪十三年	伍兰生在同里建退思园
	1888	德宗光绪十四年	重建青城山建福宫
	1891~1892	德宗光绪十七至十八年	甘肃临潭西道场建成;1930年重修
	1894	德宗光绪二十年	云南巍山回回墩清真寺建成
	1895	德宗光绪二十一年	重修定陵
	1909	宣统元年	建崇陵,为德宗陵寝

图书在版编目（CIP）数据

礼制建筑：坛庙祭祀 / 本社编. —北京：中国建筑工业出版社，2009
（中国古建筑之美）
ISBN 978-7-112-11337-8

I. 礼… II. 本… III. 礼制—建筑艺术—中国—图集 IV. TU-098.9

中国版本图书馆CIP数据核字（2009）第169175号

责任编辑：王伯扬 马 彦
责任设计：董建平
责任校对：陈 波 赵 颖

中国古建筑之美
礼制建筑
坛庙祭祀
本社 编

*
中国建筑工业出版社出版、发行（北京西郊百万庄）
各地新华书店、建筑书店经销
北京美光制版有限公司制版
北京凌奇印刷有限责任公司印刷

*
开本：880×1230毫米 1/32 印张：6 1/2 字数：187千字
2010年1月第一版 2010年1月第一次印刷
定价：45.00元
ISBN 978-7-112-11337-8
　　（18583）

版权所有　翻印必究
如有印装质量问题，可寄本社退换
（邮政编码 100037）